心商

比智商、情商更重要的是心商

张缦莉 —— 著

中国华侨出版社
·北京·

图书在版编目（CIP）数据

心商：比智商、情商更重要的是心商 / 张缦莉著
. -- 北京：中国华侨出版社，2024.8
ISBN 978-7-5113-9173-5

Ⅰ.①心… Ⅱ.①张… Ⅲ.①成功心理学 Ⅳ.
①B848.4

中国国家版本馆 CIP 数据核字 (2023) 第 242124 号

心商：比智商、情商更重要的是心商

著　　者：张缦莉
出 版 人：杨伯勋
责任编辑：肖贵平
特约策划：张　杰
特约编辑：周海霞
封面设计：尚世视觉
版式设计：盛世艺佳
经　　销：新华书店
开　　本：710 毫米 × 1000 毫米　1/16 开　印张：13　字数：160 千字
印　　刷：香河县宏润印刷有限公司
版　　次：2024 年 8 月第 1 版
印　　次：2024 年 8 月第 1 次印刷
书　　号：ISBN 978-7-5113-9173-5
定　　价：68.00 元

中国华侨出版社　北京市朝阳区西坝河东里 77 号楼底商 5 号　邮编：100028
发行部：（010）64443051　传真：（010）64439708
网　址：www.oveaschin.com　E-mail：oveaschin@sina.com
如发现印装质量问题，影响阅读，请与印刷厂联系调换。

序

张缦莉老师是广东社会学学会潜能开发研究专业委员会副主任，近期她撰写的《心商——比智商、情商更重要的是心商》新书，让我们了解到"心商"是指个体在情绪管理、情感认知、人际关系等方面的能力。与智商不同，"心商"强调个体在情绪和情感方面的智慧和能力。心理资本（Psychological Capital Appreciation，PCA），是指个体在成长和发展过程中表现出来的一种积极心理状态，是超越人力资本和社会资本的一种核心心理要素，是促进个人成长和绩效提升的心理资源。而"心商"就是心理资本的简称。心理资本是组织除了财力、人力、社会三大资本以外的第四大资本，包含自我效能感（自信）、希望、乐观、坚韧、情绪、智力等。组织的竞争优势不仅仅是财力，也不仅仅是技术，而是人。人的潜能是无限的，而其根源在于人的心理资本。

心理资本是个体在成长、发展过程中表现出来的一种积极心理状态。研究心理资本与组织软实力的内在关系，在心理资本理论指导下探索组织软实力构建的具体路径方法，将有力提升组织软实力的育人功效，增强组织软实力内涵的建设。

心商——比智商、情商更重要的是心商

现代组织鉴于组织文化建设和发展的需要，应该在充分调研的基础上，引进实施 PCA 项目，可以对员工心理资本进行系统的梳理和引导，关注员工心理健康状况，助力员工幸福生活、快乐工作，最终提高组织绩效，提升组织管理水平。

人是生产力的第一要素。人的能动性发挥得如何，直接关系到组织的管理状况和科技创新的力度。传统意义上的人力仅指劳动者、劳动实践和人工成本等，它是不包含心理因素的，而实际上在人的管理劳动过程中，心理因素起着至关重要的作用。实施 PCA 项目能有效助力员工幸福生活、快乐工作，让员工和组织的绩效共同获得可持续增长的原动力。

张缦莉老师的新书《心商——比智商、情商更重要的是心商》，如果从潜能开发的角度分析："心商"如应用到我们日常生活与工作中，相信对培育积极领导力高的管理者有很大帮助；"心商"是开发员工的幸福、自信、希望、乐观和坚韧等关键心理资本要素；同时，能够提升员工、团队和组织三个层面的幸福感与生产力，构建组织的核心竞争优势。"心商"将有效助力于员工幸福生活、快乐工作，最终提升现代组织的管理水平。

中山大学政治与公共事务管理学院副教授

广东社会学学会副会长　谭昆智

广东社会学学会潜能开发研究专业委员会主任

前言

"心商"悦心，让生活更快乐

快乐对一个人的重要性不可忽视。根据心理学研究，当一个人感到快乐时，他的思维会更加敏捷，表现会更加出色，同时身体也会更加健康。

关于"人心快乐的本源"一说，笔者认为，王阳明的"乐是心之本体，虽不同于七情之乐，而亦不外于七情之乐"之句阐述得比较清晰。

这句话的意思是，乐是人心的本质，虽然不同于"七种情感"所带来的乐趣，但也不会超出这"七种情感"所带来的乐趣。

首先，这句话提到了"乐是心之本体"，意味着快乐是人心的本质。这里的"心"可以理解为人的内心、情感和意识的总和。快乐是人类天生的追求，是人们内心深处的一种愉悦和满足感。无论是欢乐、愉悦还是满足，都是人们追求的目标，也是人们内心的本质。

其次，这句话提到了"不同于七情之乐"。所谓七情，一般是指人的喜、怒、哀、惧、爱、恶、欲这七种基本情感。这七种情感所带来的是由人对于不同情感的体验和表达而产生的。而"乐"作为心之本体，不同于这七种情感所带来的乐趣，它是一种根本的乐趣。

最后，这句话提到了"不外乎七情之乐"。虽然快乐不同于"七情之乐"，但它也不会超出这七种情感所带来的乐趣。这意味着快乐是在"七情之乐"的基础上产生的，它是人们对于七种情感的综合体验和表达。快乐是一种更高级、更全面的情感体验，它包含了对于各种情感的理解、接纳和超越。

快乐对于我们每个人都很重要，获取快乐的方式也有很多种，但是快乐的本源源自哪里呢？

快乐的本源是一种主观体验，它可以由许多不同的因素引起。一般来说，快乐的本源可以归结为我们的需求被满足、建立了积极的人际关系、追求个人目标和成就并获取满意的成绩、保持心理健康、情绪管理做得好等。但是，不难看出，快乐的本源所涉及的方面实际上正是心商所涉及的方方面面。

我们先了解一下心商。在平时，我们常常听到智商、情商，而很少有人提到心商。那么，何为心商呢？用通俗的话讲，心商就是指情商和智商的结合，也可以被理解为融合了情商、智商之后所表现出的一种综合能力。总结来讲，心商的高低是一个人在情感管理、人际交往、自我认知、解决问题等方面的能力强弱。具有高心商的人能够更好地理解和控制自己的情绪，与他人建立良好的关系，更好地解决问题和应对挑战。简单来说，心商就是一个人在情感和智力方面的综合能力。

快乐的本源是一个复杂而个体化的概念，它可以由多个因素共同作用而成。每个人都可以通过关注自己的需求、建立良好的人际关系、追求个人目标、保持心理健康和享受生活中的小事情来寻找和培养快乐。心商指数的高低与生活体验的好坏成正比，心商越高生活越快乐。因此，我们需要通过多种方式提升自己的心商指数，在生活中获得更多快乐。

目录

第一章　心商：个人生存的核心能力

为人处世，处处皆"心商" / 3

探索心商：实质、内涵与价值 / 5

心商与功能性：理念选择与适配 / 9

心商型人才：一种全新的理念视角 / 13

第二章　心商、智商与情商：相互关联的三大要素

深入了解智商：定义与重要性 / 19

情商：情感与人际交往的核心 / 22

心商：超越智商与情商的关键要素 / 27

心商、智商与情商的交互关系 / 31

第三章　心商：开启人生转机的内在力量

为什么有的人就是无法控制情绪 / 37

探索心商的人生哲学 / 40

超越自我，迈向更高境界 / 43

心商：解锁人生困境的关键 / 47

第四章　心商视角下的命运与人生角色

多重角色与心商的互动 / 53

转变的痛苦与向上的成长 / 56

角色化与心商的关联 / 65

内心转化：心商提升的关键 / 68

第五章　心商：命运的"遥控器"

心商的四力与四功能 / 77

心商与心态的紧密关联 / 81

心态的改善与心商的提升 / 84

第六章　心商与为人处世：深度影响与实践

自我管理：心商的内在力量 / 89

社交技能：心商的展现 / 95

同理心：心商的情感链接 / 100

创新思维：心商的驱动力量 / 106

第七章　心商与生活的快乐之道

探寻人生的快乐时刻 / 111

快乐是可以营造的 / 115

重拾快乐：心商的智慧 / 120

高心商：快乐生活之源 / 126

第八章　心商提升之路是实践

心商开发的五个关键阶段 / 133

挖掘自我潜能 / 139

遵循心商发展的内在规律 / 143

从意识到方法的全面掌握 / 147

第九章　迈向高心商：生活的艺术与智慧

美化人生，优化自我 / 155

自我建设：心商提升的基石 / 159

逆水行舟：挑战与成长 / 167

与自己和解，寻求内心平衡 / 171

第十章　心商生存之道：探索与启示

心商：新的符号与要素 / 179

构建健全的心商结构 / 183

提升生存的核心能力 / 187

结语：高心商，你的未来你决定 / 193

第一章
心商：个人生存的核心能力

心商被视为个人生存的核心能力，因为它关乎个体在应对生活中的挑战、压力和变化时所展现出的心理素质、情绪智慧和内在力量。心商强调的是一个人在心理层面上的适应能力和应对能力，这种能力对于个体的生存和发展至关重要。

在现代社会中，人们面临各种各样的挑战和压力，例如工作压力、人际关系问题、健康问题等。这些挑战不仅考验人们的智力和技能，更考验人们的心理素质和情绪智慧。拥有高心商的人能够更好地应对这些挑战，保持积极的心态，从而在生活中取得更好的成就。

心商是一个人的内在力量，它影响着一个人的思维方式、情感体验、自我认知和人际关系等方面。通过提升心商，人们可以增强自我意识、情绪管理能力、自我激励和抗压能力等方面的心理素质，从而更好地应对生活中的各种挑战。

因此，心商被认为是个人生存的核心能力，它对于一个人的心理健康、人际关系、事业发展和人生幸福等方面都具有重要的影响。提升心商是每个人都应该关注和追求的目标，它有助于个人在社会中更好地生存和发展。

为人处世，处处皆"心商"

一般来说，概念阐述，往往都会显得比较刻板且不易理解。比如，我们在聊"心商"时，通过概念或许并不能很确定自己的答案。因此，我们不妨换一种方式来聊一聊心商，即通过场景来判断一个人心商的高低。

我们先来看一下以下这样几个情境。

情境1：周末，艾琳一家约好了一起出游，但是，当到了目的地时，艾琳的妈妈发现艾琳的水杯忘在了家里，这时候，艾琳爸爸表现出极大的情绪波动，先是呵斥艾琳妈妈做事不仔细，接着就开始对这次出游表示不满，并从大声斥责发展到摔东西。就这样，本来好好的一次出游，不但没有让艾琳感到愉悦，反而产生了一定的心理阴影。

情境2：Tina是一家公司的HR。最近公司新招进一位员工陆雨晨，但是不久后，陆雨晨就向Tina提出了辞职，连试用期都没有过。Tina很纳闷，于是就找陆雨晨了解情况。原来，陆雨晨常与一位老员工杨姐在一起吃午饭，杨姐的工作能力很强，唯一的缺点就是总爱说公司的不好，口头禅就是"唉，真不想干了""外面公司肯定挣得多"。新员工陆雨晨每天耳濡目染，被老员工杨姐影响了，产生了辞职的想法。

情境3：通过熟人介绍，父母让霍佳佳和一个外在条件很不错的男生沈翊相亲。相亲开始，霍佳佳对沈翊的印象分很高，但是到了中午，在去餐馆的路上，由于霍佳佳穿了细高跟鞋，穿着平底鞋的沈翊却脚下生风，丝毫不顾及穿着细高跟鞋的霍佳佳。走到餐厅，霍佳佳略带埋怨地说了一句："太远了，走得我脚疼。"沈翊却回了一句："谁让你穿这么高的高跟鞋？"

情境4：家里亲戚又为霍佳佳安排了一场相亲，男方安园带着丰厚的礼物来到霍佳佳家中，寒暄过后，家长们借故离开，只留下霍佳佳和安园。在接下来的一个小时里，霍佳佳总是保持着礼貌的微笑倾听安园的各种吐槽。霍佳佳想插一句话都找不到机会，安园只顾自己单方面输出。

情境5：罗湖毕业后进入一家公司工作，但是，为了能够提高收入，他决定跳槽进入另外一家公司工作。然而，当罗湖换了新工作后，并没有很快融入新环境、新团队，而是不停地抱怨新工作、新环境、新团队，甚至还没有过试用期，他就辞职了。接连换了好几份工作都是如此。

以上案例中的艾琳爸爸、陆雨晨、沈翊、安园、罗湖，就是典型的缺乏"心商"的表现，下面我们逐一分析一下。

情境1中艾琳的爸爸属于情绪管理困难者，他可能很难控制自己的情绪，经常出现情绪波动大、冲动、易怒等情况。

情境2中的新员工陆雨晨属于缺乏自我认知，不清楚自己的情绪、需求和价值观，容易受外界影响，故而难以做出明智决策。

情境3中的相亲对象沈翊属于缺乏同理心，不懂得关心他人的感受和需求，缺乏共情能力，对他人的情绪和困难缺乏理解和关注。

情境4中的相亲对象安园属于不懂他人感受，只顾自己发泄情绪，比较自私，时间长了容易让人误解，甚至与人产生冲突。

情境5中换了工作的罗湖属于难以适应变化，面对新的环境和挑战，他往往无法及时调整自己，缺乏灵活性和应变能力。

如果你的身边也有人有上述表现，那你可以选择原谅他，毕竟他只是缺乏心商。但是，你心里应该明白，他的心商需要提高。

那么，什么是心商？

心商即维持心理健康、调适心理压力、保持良好心理状态的能力。

联合国世界卫生组织规定心理健康的概念是心理和社会适应能力等方面满意的、持续的状态。其中包含了和谐的人际关系、正确的自我评价和情绪体验、热爱生活及正视现实等。当面对一定的生活压力和社会竞争压力时，保持心理健康便成为我们更好地生存发展的前提和基础。

不过，心商是可以培养和提升的，即通过学习和实践，人们可以提高自己的情绪管理、人际关系和自我意识等方面的能力。

探索心商：实质、内涵与价值

心商，作为个人生存的一种核心能力，其重要性在现代社会日益凸显。为了深入了解心商，我们需要探讨其实质、内涵和价值。

心商的实质，指个体在应对生活中的挑战、压力和变化时所展现出的心理素质、情绪智慧和内在力量。心商不仅是智商和情商的简单结合，它还是一个人综合心理素质的体现，涉及个体如何认知自己、调节情绪、应对压力以及与他人建立关系等方面的能力。

心商涵盖了认知素质、情感素质和意志素质这三个组成部分。

（1）认知素质是心商的基础。这涉及个体对事物的感觉、知觉和表象的认知能力，以及对概念进行判断和推理的思维能力。一个具有高心商的人，往往能够在复杂多变的环境中迅速捕捉到关键信息，做出准确的判断，并制定出有效的应对策略。这种敏锐的洞察力和逻辑思维能力，使他们能够更好地应对生活中的各种挑战。

（2）情感素质是心商的重要组成部分。这涉及个体对价值关系的主观反应与实际相吻合的程度。一个具有高心商的人，往往能够准确地感知自己的情绪状态，理解自己的情绪需求，并有效地调节自己的情绪反应。他们能够在面对压力和挫折时保持冷静和理智，避免被负面情绪主导。同时，他们能够积极地寻求解决问题的方法，从而更好地应对生活中的各种压力。

（3）意志素质是心商的核心。这涉及个体对于实践关系的主观反应，包括韧性、目的性、果断性、自制力等方面。一个具有高心商的人，往往具有坚定的信念和强大的意志力，能够在面对困难和挑战时坚持不懈地追求自己的目标。他们不会被轻易击败，而是能够在逆境中展现出顽强的毅力和决心。这种强大的内在力量，使他们能够更好地应对生活中的各种变化。

通过提高心商，个体可以更好地应对生活中的各种挑战和压力，增强自己的幸福感和生活质量。这也是为什么在当今这个充满变革和挑战的时代，我们更加需要重视和提升自己的心商。

心商的内涵丰富而深远，它不仅是一个简单的概念，还涵盖了个体在自我意识、情绪管理、自我激励和抗压能力等多个方面的心理素质。

（1）心商涉及个体的自我意识。这包括自我认知、自我评价等方面。一个具有高心商的人，往往能够清晰地认识自己的优点和缺点，了解自己的需求和期望，以及对自己在社会中的定位和未来规划有明确的认识。这种自我意识使他们能够更好地调整自己的行为和态度，以适应不同的环境和挑战。

（2）情绪管理能力也是心商的一个重要组成部分。情绪管理是指个体对自己的情绪进行有效的调节和控制，而不是被情绪主导。具有高心商的人，往往能够准确地感知自己的情绪状态，理解自己的情绪需求，并采取适当的策略来调节和控制自己的情绪。他们能够在面对压力和挫折时保持冷静和理智，避免情绪失控，从而更好地应对生活中的各种挑战。

（3）自我激励也是心商的一个重要方面。自我激励是指个体能够激发自己的内在动力，驱动自己朝着目标前进。具有高心商的人，往往具有强大的自我激励能力，能够在面对困难和挑战时保持积极向上的态度，坚持不懈地追求自己的目标。他们能够找到自己的内在动力源泉，从而在逆境中展现出顽强的毅力和决心。

（4）抗压能力也是心商的一个重要体现。抗压能力是指个体在面对压力和挑战时能够保持冷静和理智，采取有效的应对策略来应对压力。具有高心商的人，往往能够在面对压力和逆境时保持平和的心态，寻找解决问题的最佳方法，从而更好地应对挑战和压力。

这些心理素质相互作用，共同构成了个体在面对生活中的挑战、压力和变化时所展现出的心理素质和内在力量。拥有高心商的人往往能够更好地适应环境，应对挑战，以及实现自我成长和发展。他们能够更好地处理压力和挫折，保持心理平衡，减少心理问题的发生。此外，高心商还有助于提升个体的创造力和创新力，增强人际关系的和谐度，以及提高工作效率和生活质量。在社会层面上，高心商的个体能够为社会创造更多的价值，促进社会的和谐稳定和繁荣发展。

心商的价值体现在其对个体和社会的影响上，这是不可忽视的。从个体的角度看，心商的价值体现在多个方面，如情绪管理、人际关系、职业发展等。首先，高心商可以帮助个体更好地管理情绪，避免被情绪主导，从而提高生活质量和幸福感。其次，高心商有助于个体建立更好的人际关系，增强与他人的沟通和合作能力，进而在社会中获得更多的支持和帮助。最后，高心商对于个体的职业发展至关重要，它可以帮助个体在面对职业挑战和压力时保持冷静和理智，寻找最佳的解决方案，从而取得更好的职业成就。

心商作为个人生存的一种核心能力，其实质、内涵和价值对于个体和社会的发展都至关重要。因此，我们需要进一步深入研究心商的本质和特点，以及如何有效地提升个体的心商水平。通过提升心商，我们可以更好地应对生活中的挑战和压力，实现个人和社会的共同发展。

心商与功能性：理念选择与适配

心商作为个人生存的核心能力，不仅关乎心理素质和内在力量，更涉及个体如何应对生活中的各种挑战和压力。在这一过程中，心商的功能性扮演着至关重要的角色。功能性是指心商在不同情境和领域中所发挥的作用和效果，它涉及个体如何运用心商来应对生活中的各种问题。

理念选择是心商功能性的一个重要方面。每个人都有自己的生活理念和价值观，这些理念和价值观会影响个体的行为和应对方式。

我们强调理念选择，是因为"理念成就人生"这一观点。它强调了个人信念、价值观和生活哲学在塑造个人命运和成功方面的重要性。以下是对这一观点的详细阐述。

（1）理念是行动的先导。我们的行为决策，无论大小，都受到我们内心理念的影响。这些理念可能是我们对世界的看法、对人生的理解、对成功的定义等。这些内在的理念指导着我们的行为，影响着我们与他人交往的方式，甚至塑造着我们的性格。

（2）理念决定了我们的目标设定。拥有积极向上的理念，我们会倾向于设定更高、更具挑战性的目标。这样的目标不仅激励我们追求卓越，还使我们在面对困难时保持坚韧不拔的精神。相反，消极的理念可能导致我们设定过于保守或无法实现的目标，限制我们的潜力和发展。

（3）理念还影响我们应对挑战和困难的方式。拥有积极、乐观理念的人，在面对逆境时更容易保持冷静、坚定和积极的心态。他们相信困难只是暂时的，通过努力一定能够克服。相反，消极的理念可能使人陷入绝望和放弃的境地，难以从困境中挣脱出来。

（4）理念对于我们的心理健康和幸福感也具有重要影响。拥有积极向上、善良正直的理念的人，更容易感受到内心的平静和满足，从而拥有更高的生活质量和幸福感。相反，消极的理念可能导致我们陷入焦虑、抑郁等负面情绪中，从而影响我们的身心健康。

因此，拥有积极向上、正确合理的理念，可以帮助我们更好地应对生活中的挑战和困难，实现个人价值和目标，拥有更加充实和幸福的人生。

一个具有高心商的人能够根据不同的情境和需求，灵活地选择和应用不同的理念，从而更好地应对生活中的挑战。例如，在面对工作压力时，人们采取的不同应对策略，实际上反映了他们心商（即心理素质和情绪管理能力）的功能性差异。心商作为一个人在面对逆境、压力或挑战时所展现出的心理韧性和适应能力的衡量标准，它对于个体的应对方式有着至关重要的影响。

那些选择积极应对策略的人，通常具有较高的心商。他们明白，通过调整心态，可以转变对压力的看法，从而减轻其负面影响。他们善于保持乐观、积极的心态，相信自己有能力克服眼前的困难。同时，他们还会主动寻求提升自我能力的途径，如参加培训、学习新知识、寻求导师的指导等，以增强自己应对未来挑战的能力。

相比之下，选择寻求支持和帮助策略的人，虽然可能在面对压力时感到有些无助，但他们同样展现出了心商的另一种重要功能——寻求社会支持。他们明白，与他人合作、分享经验、寻求建议，不仅能够帮助自己解决问题，还能够扩大自己的社交网络圈，提高自己的社交能力。这种策略同样体现了他们在面对压力时的灵活性和适应性。

这两种不同的应对策略，实际上都是心商功能性差异的体现。积极应对的人可能更注重自我成长和内在力量的培养，而寻求支持和帮助的人可能更注重社会联系和人际互动的重要性。无论是哪种策略，只要能够有效地帮助个体应对压力、缓解负面情绪、提高工作效率和生活质量，都是值得肯定的。

除了理念选择，适配性也是心商功能性的另一个重要方面，配适性就是指选择适合自己的理念。

选择适合自己的理念对于个人的成长和发展至关重要。以下是一些例子，用以说明其重要性。

在学习和职业发展方面，选择适合自己的学习理念或职业规划理念能够极大地影响个人的进步和成功。例如，有的人坚信"学习是一把利器"，他们始终保持对新知识和新技能的好奇心和求知欲，这样的理念使他们能够在不断学习的过程中充实自我、提升能力和开阔眼界。同样，有的人在职业规划上坚持"做自己喜欢和擅长的事情"，这样他们更容易找到满足感和成就感，也更容易在职业道路上取得成功。

在人际关系和社交方面，选择适合自己的社交理念能够影响个人的人际交往和人际关系的质量。例如，有的人坚信"人际关系的重要性"，他们注重与人建立良好的关系，通过展示自己的优势和特点来拓宽人脉圈。这样的理念使他们能够更好地与人相处，增强社交能力，为未来的发展打下坚实的基础。

在心理健康和个人成长方面，选择适合自己的生活理念或成长理念能够影响个人的心理健康和幸福感。例如，有的人坚持"积极乐观"的生活态度，无论面对什么困难和挑战，都能保持积极的心态和乐观的情绪。这样的理念有助于他们更好地应对生活中的压力和挑战，保持心理健康和幸福感。

选择适合自己的理念对于个人的学习、职业发展、人际关系、心理健康和个人成长等方面都具有重要意义。只有根据自己的需求、喜好和价值观来选择适合自己的理念，才能够更好地指导自己的行为，实现个人的目标和梦想。

心商的功能性体现在理念选择与适配性上。通过灵活地选择和应用不同的理念，以及根据自身实际情况进行适配，个体可以更好地发挥心商的作用，提升应对生活中各种挑战的能力。因此，我们应该重视心商的功能性，努力提升自己的心商水平，从而在个人全面发展中取得更好的成绩。

心商型人才：一种全新的理念视角

在当今社会，随着人们对于个体成长和发展的认识不断深入，心商作为个人生存的核心能力受到了越来越多的关注。在这一背景下，心商型人才作为一种全新的理念视角，强调个体在心理素质、内在力量和人际关系等方面的全面发展。

心商型人才是指具备高心商的个体，他们具备出色的心理素质、情绪智慧和内在力量，能够在各种情境下应对挑战、解决问题并取得卓越的成就。这种理念视角的提出，旨在引导人们关注个体内在素质的培养和发展，以应对复杂多变的社会环境。

心商型人才理念是指一种重视个体心理素质和情绪管理能力的人才培养观念。它强调在人才培养过程中，不仅要注重知识和技能的传授，更要关注个体心理素质的提升和情绪管理能力的培养。

在心商型人才理念中，培养个体的心理素质和情绪管理能力被视为与传授知识和技能同等重要。因此，这种理念强调在人才培养过程中要注重个体的情感、态度和价值观的培养，帮助个体建立积极、健康的心态和情绪管理方式，提高其心理素质和适应能力。

举个例子，李勤和王源是国内重点大学热门专业研究生毕业，大学毕业之后一同进入一家国企。但是，李勤和王源进入国企后发现，整个工作环境压力很大。

一开始，因为两人都是重点大学研究生毕业，所以两人一进入单位就被领导看重，很受器重。然而，在工作半年之后，两个人的差距显现出来了。这里所显现出来的差距并不是专业技能上的差距，而是个体所表现出来的差距。

李勤在单位受到领导和同事们的喜爱，王源则显得格格不入。原因是李勤能够在单位"吃得开"，而王源因为总是钻牛角尖不仅得不到领导重用，还不被同事们喜欢。

李勤和王源所在的科室，科长是一个"60后"，相对来说并不容易打交道。每当遇到问题，这位科长是不管不顾、劈头盖脸地一顿训斥。李勤心理素质很强，而且具有很强的情绪管理能力，他能够在被训斥之后，找到问题的关键，再去找科长解释。这时候，科长火气都散了，也能够耐心地听取李勤的分析。

而王源不一样，他心理素质不是很好，并且做不好情绪管理，是我们所说的"一点就炸"的人。当科长训斥他时，他是直接反驳科长，一定要吵个"水落石出"。一次两次就算了，次数多了，科长也觉得面子上挂不住。当单位有转正机会、晋升机会时，科长就直接把机会给了李勤。

我们在生活中也遇到过这样的情况，两个客观条件差不多的职场新人，因为他们个人的心理素质、情绪管理能力不同，导致他们最终走向两个不同的方向。

不过，需要注意的是，心商型人才与我们传统意义上的"优秀人才"

是不一样的。

传统意义上的"优秀人才",一般是指社会中令人钦佩和值得学习的人。他们以卓越的才能、高尚的品德和不懈的努力,为我们树立了榜样。他们不仅在自己的领域取得了巨大的成就,还通过自己的行为和言论,影响和激励了无数人。

与传统的人才相比,心商型人才更注重心理素质和内在品质的培养。在传统的人才观中,智力和技能往往是衡量一个人成功与否的主要标准。然而,随着社会的发展和竞争的加剧,人们面临的挑战越来越多样化,单纯依靠智力和技能已经难以应对。在这种情况下,心商型人才的全面发展理念显得尤为重要。

心商型人才的全面发展包括以下几个方面。

(1)自我意识的培养。心商型人才具备高度的自我意识,能够清晰地认识自己的优点和不足,从而有针对性地提升自己的内在素质。他们了解自己的价值观、兴趣和目标,从而在人生规划和发展中更加明确自己的方向。

(2)情绪管理能力的提升。心商型人才善于调节自己的情绪,保持积极、稳定的心态。他们能够有效地应对压力和挫折,避免情绪波动对工作和生活的影响。这种情绪管理能力有助于个体在复杂多变的环境中保持冷静和理智。

(3)人际关系的和谐发展。心商型人才具备良好的人际关系能力,能够与他人建立良好的合作关系。他们善于倾听和表达,有良好的沟通能力,能够解决人际冲突、建立信任并保持良好的人际关系。这种能力有助于个体在团队中发挥更大的作用，取得更好的业绩。

（4）内在动力的激发。心商型人才具备强烈的内在动力，能够持续地追求自己的目标和梦想。他们拥有高度的自我激励能力，能够在困难和挑战面前保持坚韧不拔的精神。这种内在动力是推动个体不断成长和发展的重要力量。

总之，心商型人才作为一种全新的理念视角，强调个体在心理素质、内在力量和人际关系等方面的全面发展。通过培养自我意识、提升情绪管理能力、促进人际关系的和谐发展以及激发内在动力等方面的努力，我们可以不断提升自己的心商水平，成为具备高度综合素质的心商型人才。这种人才观的推广和实践有助于培养更多能应对未来挑战的优秀人才，为个人和社会的发展做出更大的贡献。

第二章
心商、智商与情商：相互关联的三大要素

心商——比智商、情商更重要的是心商

在现代社会中，心商、智商和情商是三个至关重要的概念，它们共同影响个体的成长和发展。这三大要素虽然各有侧重，但却是相互关联、相辅相成的。

智商通常被定义为一个人的智力水平，包括逻辑思维能力、分析能力、创新能力和学习能力等方面的表现。智商高的人通常能够更好地掌握新知识、解决问题和应对挑战。在心商的背景下，智商是个人在认知和智力层面上的基础，并为个体的发展提供必要的智力和知识支持。

情商是指一个人在情绪管理、人际关系和自我激励等方面的能力。高情商的人通常能够更好地处理情绪、理解他人的情感、建立良好的人际关系并保持积极的心态。心商与情商有着紧密的联系，因为它们都涉及个体如何处理情感和与人交往的方面。情商对于个体在生活和工作中建立良好的人际关系、有效沟通以及应对压力等方面都发挥了重要作用。

心商作为个人生存的核心能力，不仅包括智商和情商的方面，还涉及个体在心理素质、内在力量和应对挑战等方面的能力。心商强调的是个体在面对生活中的挑战和压力时所展现出的心理素质和内在力量，这与智商和情商都有密切的关系。一个高心商的人通常拥有较高的智商和情商，能够更好地应对生活中的挑战，取得更好的成就。

综上所述，心商、智商与情商是相互关联的三大要素，它们共同影响着个体的成长和发展。通过培养和发展这三大要素，个体可以提升自己的综合素质，更好地应对生活中的挑战和压力，实现个人和社会的共同发展。

深入了解智商：定义与重要性

智商，作为衡量个体智力水平的一个重要指标，一直以来备受关注。智商的定义与重要性对于理解个体的认知能力和发展潜力具有重要意义。

智商的定义是指个体在认知和智力方面的水平，通常通过一系列标准化测试进行评估。这些测试涵盖了逻辑思维能力、分析能力、创新能力和学习能力等多个方面，用以衡量个体的智力水平和认知能力。智商的高低在一定程度上决定了人们在日常生活、学习和工作中的表现和成就。

智商的重要性体现在其对个体发展的影响上。在现代社会中，快的学习和适应能力变得越来越重要，这使得智商成了一个重要的影响因素。高智商的人通常更容易掌握新知识、解决问题和应对挑战，这使得他们在工作和学习中具有更高的竞争力。此外，智商也被视为预测个体未来成就的重要指标之一，高智商的人往往能够取得更好的学业和职业成就。

智商并非衡量一个人的唯一标准。一般来说，如果一个人的智力商数在140分以上，可以被视为天才；在120-140分，智力非常优秀；在110-120分，智力优秀；在90-110分，智力属于平常范围；80-90分，智力偏低；70-80分，智力存在缺陷；而70分以下通常被认为是低能。*

---

* 《智商的标准是什么》，中国教育和科研计算机网，2001年8月23日。

心商——比智商、情商更重要的是心商

对我们大多数人来说，智商集中在 90—120 分。可是，差不多的智商却最终拥有不同的人生。

不过，美国学术界曾提出过"智商决定论"，主要表达的就是"智商决定一切"。智商决定论是一种观点，其认为一个人的智力和智商水平是决定其成功和成就的关键因素。虽然这种观点在一定程度上有其合理性，但也存在局限性和争议。

智商确实是一个人在认知、理解、解决问题和创造方面的重要能力。高智商的人通常能够更快地掌握新知识，更好地分析问题和找到解决方案。他们在学习、工作和创新方面可能更具优势。智商的发展也受到遗传和环境因素的共同影响，通过后天的教育和培训，也可以提高个体的智商水平。

然而，智商并不是决定一个人成功与否的唯一因素。其他诸如情商、逆境商、道德商等因素同样重要。例如，情商高的人通常能够更好地与人沟通和合作，逆境商高的人能够更好地应对挫折和逆境，而道德商高的人则更注重道德和伦理标准，对社会和他人产生积极影响。

此外，智商决定论也存在一些争议。一方面，智商测试本身存在一定的局限性和偏差，不能完全反映一个人的智力和能力。另一方面，即使智商很高的人也不一定能够在所有领域都取得成功，因为成功还需要其他因素的支持，如兴趣、动力、毅力、创造力等。

所以，对于一个人的判断，除智力因素外，情商、心商等其他因素也对一个人的成功和发展起着重要作用。因此，我们需要全面地看待一个人的综合素质，注重情商和心商的培养和发展。

当一个人拥有了高智商,其实就像是拿到了人生的 VIP 入场券。就好像每个人上学时,班里总会有这样一个学霸,看上去他比谁都轻松,跟他熟的同学也都知道他一不熬夜,二不上补习班,但考出来的成绩却令人羡慕不已。

就像是张华,他在学业上的表现一直十分出色,从小学到大学,再到读研读博,他的成绩始终位于班级乃至全系的前列。

张华在初、高中阶段,尤其是在逻辑严谨的数学、物理、化学等自然科学领域,展现出浓厚的兴趣并取得了卓越的成绩。

得益于他出类拔萃的智商,张华在学术探索的道路上取得了事半功倍的效果。他能够迅速吸收新知识,并将其灵活运用于实际生活之中。这种非凡的能力使他在学术领域获得了骄人的成绩,不仅多次荣获物理相关的国际学术竞赛的奖项,更是受到了国内外知名学府的青睐。张华最终以市理科高考状元的成绩进入自己理想的大学,专攻人工智能这一前沿科学领域。

在研究生阶段,张华凭借自己的聪明才智和不懈努力,在人工智能领域取得了令人瞩目的突破。他的研究成果不仅被国际权威期刊发表,还为他在学术界赢得了广泛的认可,更为他的职业生涯奠定了坚实的基础。

张华作为一个高智商的人,凭借自己的智慧和努力,在学术、职业中都取得了骄人的成就。当然,智商一般但勤奋有余的我们,也是可以花费更多的时间和精力达到张华的成绩。只是和张华比起来,我们耗费的精力和时间会远远多于智商高的他。

无独有偶,即便是在我们平凡的生活中,即便只是一个家庭主妇这样的角色，拥有高智商的女性，她们在家庭管理、教育子女、理财规划等方面往往能展现出异于常人的效率和创新能力。她们就像家庭中的大脑，能更有效地组织家庭事务，解决复杂问题，使家庭运作得更加顺畅。在教育孩子方面，她们可能会采用更为科学的方法，结合自己的高智商，为孩子提供一个充满智慧和启发性的成长环境。此外，她们在处理家庭财务时可能会更加精明，通过合理规划，不仅能确保家庭财务的安全，还能为家庭带来更多的经济利益。

然而，这并不意味着智商低的人就无法成功或拥有幸福的生活。每个人都有自己的优势和潜力，关键在于如何发挥自己的长处并不断努力追求自己的梦想。

所以，智商作为衡量个体智力水平的一个重要指标，对于个体的认知能力和发展潜力具有重要意义。深入了解智商的定义与重要性有助于我们更好地认识和发掘个体的潜力，为个人和社会的发展提供有力支持。

情商：情感与人际交往的核心

情商，即情感智慧，通常被理解为一个人识别、表达和调节自己和他人情绪的能力。它在人际交往中扮演着核心的角色，是建立良好人际关系、有效沟通、解决问题和达成共识的关键。

举个例子，笔者高中时期有一个同学叫陈朝阳，在上学时，他的成绩并不好。他的智力就属于平常范围，只是他对学习没有太大兴趣，除了不爱学习，他非常喜欢参加体育和社交活动。而且，因为陈朝阳有着比我们大多数同学都要稳定的情绪，虽然成绩一般，但一直担任纪律干部，并且不管是班级内部还是外部同学产生了矛盾，大家都愿意在陈朝阳的介入与调解下和解。由此可见，陈朝阳本身就具备了较高的心商。

后来，当大家告别校园步入社会后，陈朝阳展现出了出色的领导才能和人际交往能力。一开始，陈朝阳只是在一家大型企业做一名普通的销售员。但很快，经过一番努力后，他便从销售员做到了销售组长的位置，然后是销售经理。他之所以升迁得这么快，不仅在于销售工作做得出色，还在于他与上司和下属的关系处理得也非常好，所以在短时间内便赢得了公司的认可，获得了多次晋升的机会。

场景一：面对领导要求的任务

当领导交给他一个未曾涉及的任务时，陈朝阳没有直接表示"我不会"或"我做不到"，而是说："领导，这个领域我过去没有直接涉及，但我会尽快学习并上手。如果遇到任何困难，我会及时向您请教和汇报。"这种回应显示了陈朝阳的积极态度、学习意愿和责任感，使领导对他更加信任。

场景二：与同事的合作

当与同事（如小刘）合作时，即使遇到性格不合或工作风格不一致的情况，陈朝阳也会积极寻求合作，并说："小刘的经验丰富，我会多向他请教，争取早日完成任务。如果我们在合作中有任何误解或冲突，我会及时与您沟通，希望您能从中协助调解。"

陈朝阳的这种处理方式显示了他的包容心、团队合作精神和解决问题的能力，这些特质在职场中非常受重视。

场景三：面对领导的质疑或问责

当工作出现问题，尤其是涉及与同事（如小刘）的合作时，陈朝阳不会直接指责同事，而是说："领导，这个问题可能是在我们合作过程中出现的，我会尽快找出原因并改正。同时，我也会与小刘一起讨论，看看如何避免类似问题再次发生。"

这种回应不仅避免了直接冲突，还显示了陈朝阳的问题解决能力和责任心，使他在领导心中的形象更加积极。

陈朝阳通过高情商在职场中取得了成功，他能够根据不同的场景和对象调整自己的沟通策略，以积极、合作和解决问题的态度面对各种挑战。这些具体场景细节不仅展示了他的高情商，也为其他职场人士提供了宝贵的经验和启示。

职业上的成功，不仅为他带来了丰厚的收入，还赢得了同事和上级的尊重与赞赏。陈朝阳就是生活在我们身边的普通人，他的人生轨迹告诉我们，即使智商平平，只要发挥自己的优势并努力工作，也能在社会上取得成功。以下是情商在人际交往中的具体作用。

（1）理解和感知情绪：情商高的人能够准确地理解和感知自己和他人的情绪。他们能注意到他人的非语言暗示，如面部表情、声音的语调，以及微妙的肢体动作等，从而判断出他人的情绪状态。这种情绪的感知力使他们能更好地与他人建立情感连接，理解他人的感受和需求。

情商高的人在人际交往中表现出独特的优势，尤其是他们在情绪感知和情绪管理方面的能力。这种能力使他们能够准确地理解和感知自己和他人的情绪，从而在人际交往中更加得心应手。他们善于自我反思，能够深入了解自己的情绪状态，并对其进行有效的管理。当面临挑战或压力时，他们能够保持冷静和理性，避免因情绪波动而做出冲动的决策。这种情绪上的自知之明使他们在面对困难时能够保持自信和乐观，从而更好地应对挑战。

这种情绪的感知力使情商高的人在人际交往中占据优势。他们能够准确地把握对话的氛围和对方的情绪变化，从而做出恰当的回应。在沟通中，他们能够倾听对方的意见和想法，尊重对方的感受，从而建立起良好的情感连接。这种情感连接不仅能够增强彼此的信任和理解，还能够促进双方的合作和交流。无论是在工作还是生活中，情商高的人都能够展现出卓越的沟通和合作能力，从而获得更好的成绩和更广泛的人际关系网络。

（2）有效的沟通：情商高的人不仅知道如何有效地表达自己的情绪和需求，也能倾听他人的观点和感受。他们能够解读和应对各种社交线索，使沟通更为顺畅，减少误解和冲突。

情商高的人在沟通中展现出的技巧和能力，使他们不仅能够有效地表达自己的想法和情感，还能够理解和尊重他人的观点和感受。他们明白沟通不仅是说话，更是倾听和表达，是一个互动、理解和协调的过程。他们能够灵活地处理各种社交线索，使沟通更为顺畅，减少误解和冲突。这种能力使他们在人际交往中更加得心应手，更容易建立和维护良好的人际关系。

（3）解决问题的能力：情商高的人在处理冲突和问题时，展现出了独特的优势。他们具备冷静分析情况的能力，能够深入理解各方的需求和感受，并寻求双赢的解决方案。这种能力使他们能够在复杂的情境中保持冷静，避免情绪的干扰，从而更有效地处理问题。

以工作场所的一个常见场景为例，假设有两个团队成员因为项目分工问题产生了争执。一方认为自己的工作量过大，而另一方则认为自己的贡献没有得到足够的认可。在这种情况下，情商高的人可能会采取以下步骤来解决问题。

首先，他们会冷静地观察和分析整个情况。他们不会急于表达自己的观点，而是先尝试理解每个人的立场和感受。通过倾听双方的意见，他们能够理解每个人在争执中所关心的核心问题。

其次，情商高的人会利用他们的同理心能力，设身处地地思考每个人的需求和感受。他们可能会问一些开放性的问题，以鼓励双方更深入地表达自己的观点和情感。这样做不仅有助于建立信任，还能够让每个人感受到被尊重和理解。

再次，在充分理解双方的需求和感受之后，情商高的人会开始寻找双赢的解决方案。他们可能会提出一些创新的想法，或者寻找一些妥协的方案，以满足双方的需求。在这个过程中，他们会保持开放和灵活的思维，不断调整和改进方案，直到找到最合适的解决方案。

最后，情商高的人知道如何控制自己的情绪，避免在处理问题时受到情绪的干扰。即使面对紧张或冲突的情境，他们也能够保持冷静和理性，从而更好地推动问题的解决。这种情绪控制力使他们能够在压力之下保持专注和效率，为团队创造一个更加和谐和高效的工作氛围。

（4）自我管理：情商高的人能够管理自己的情绪，他们了解自己的优点和不足，并且能够接受自己的情绪反应。这种自我管理的能力使他们能够在压力下保持冷静，更好地应对生活中的挑战。

情商高的人通过深入了解自己的情绪、接纳自己的情绪反应以及有效地管理自己的情绪，使自己在面对挑战和压力时能够保持冷静和理智。这种自我管理的能力不仅有助于个人成长和发展，也使他们在人际交往中更顺畅。

综上所述，情商是人际交往的核心。它不仅影响我们与他人的关系，还影响我们的职业成功、健康和幸福感。因此，提升情商对每个人都有着重要的意义。

心商：超越智商与情商的关键要素

聊到这一点就要聊一下"心理成本"这个概念。

心理成本是西方经济学概念，指因离开不愿离开的工作、生活环境（如中心城市等）在心理上付出的一定代价。这里主要指个体在参与特定任务或活动时所感受到的心理压力、耗费的心理资源。而心商，则是一个相对较新的概念，主要指个体在面对生活中的挑战和压力时，所展现出的心理素质、心理调节能力和心理成长速度。心商的高低，直接影响到个体的心理成本和幸福感。

但是，心理成本不是一成不变的，很多时候表现出来的是"心随成本发生变化"。

"心随成本发生变化"，是指在做决策时，个体的心理倾向会受到成本的影响而发生变化。具体来说就是，某项决策所需的成本越高，个体在做决策时就会越谨慎和慎重，也更倾向于权衡利弊和风险。相反，当某项决策所需的成本越低，个体在做决策时便会更随意和冲动，会更倾向于追求即时满足和短期利益。

这种心理现象的背后，是个体在决策过程中会考虑到所需的资源、时间、精力等成本，以及可能面临的风险和损失。当成本较高时，个体会更加谨慎地权衡利弊，因为他们意识到做出错误决策可能会导致很大的损失；而当成本较低时，个体更容易被即时的利益吸引，因为他们认为即使决策出错，所付出的成本也较小，可以承受得起。

例如，一个人在购买一件昂贵的奢侈品时，会更加谨慎地考虑自己的经济状况、物品的实际价值及可能的后果；而当在购买一件廉价的小物件时，可能更容易冲动地做出决策，因为他们认为，即使后悔，所付出的成本也较小。

有时候，我们在收拾衣柜的时候，面对颜色、款式差不多的衣服，往往会生出这样的心理：

这件风衣，买的时候花了2000多元，虽然放在衣柜里很久没穿，但毕竟是好衣服，总会有穿的场合，先留着吧！

这件风衣，买的时候才花了不到200元，颜色和款式也不太喜欢了，搁在衣柜里是真占地方，扔了吧！

……

我们发现，很多时候，越便宜的东西我们越不会珍惜；越贵重的东西，不管我们的心里是否还喜欢它，都舍不得轻易扔掉。

为了更具体形象地了解这一决策行为，下面我们来看一个关于"心随成本发生变化"的案例。

某公司的员工福利政策一直以来都非常优厚，包括高额的年终奖金、丰厚的股票期权和灵活的工作时间安排等。后来由于公司业绩下滑和市场竞争加剧，公司不得不采取一系列的成本削减措施来保持竞争力。

其中一项措施就是降低员工的福利待遇，包括削减年终奖金和股票期权，以及限制工作时间的弹性。这一决定引起了员工的不满和抱怨。他们认为公司不再重视员工的贡献和福利，心理上感受到了被伤害。

在之后的时间里，随着福利待遇的削减，员工的工作动力和积极性逐渐下降。他们开始对工作产生怀疑和不满，对公司的忠诚度也逐渐降低。一些优秀的员工开始考虑离职，以寻找更好的机会。

公司逐渐意识到员工的心理变化对业务运营的影响。他们决定重新评估成本削减措施的效果，并寻找其他方式来提高员工的工作满意度和忠诚度。

在与员工进行沟通和听取反馈的过程中，公司发现，员工对于福利待遇的看重远超预期。于是公司开始重新考虑员工福利政策，并积极寻找平衡成本和提升员工满意度的方法。

最终，公司决定保留一部分福利待遇，同时通过其他方式来降低成本，如优化业务流程、提高效率和减少浪费等。这一决策得到了员工的认可和支持，让他们重新感受到了公司对他们的重视和关心。

通过这个案例我们可以看到，当公司的成本削减措施直接影响到员工的福利待遇时，员工的心理状态会发生变化。如果公司不及时调整策略，那么可能会导致员工的工作动力和忠诚度下降，进而影响到公司业务的运营和发展。因此，公司在制定成本削减措施时，应充分考虑员工的心理需求，并积极寻找平衡成本和员工满意度的方法。

上述案例对"心随成本发生变化"这句话做出了生动的诠释，即当付出的成本增加或减少时，人的态度或情感也会相应地发生变化。换句话说，当我们付出更多的努力、时间、金钱或其他资源时，才可能会更加珍惜和投入其中；而当我们付出较少的成本时，可能就不会那么重视或那么投入。总之，成本大小，会影响我们对事物的态度、动力和行为。

我们需要清楚，我们每一个人都不免会落入这句话的"圈套"。因此，为避免被这句话影响，我们可以采取以下措施。

（1）重新评估成本。仔细审查成本的变化原因，并确定是否有必要进行调整。如果成本上升，我们可以考虑寻找替代方案或重新签订合同以降低成本；如果成本下降，我们可以考虑将节省的资金用于其他方面的投资或者用于提高产品或服务的质量。

（2）寻找替代方案。如果成本上升，我们可以寻找替代的供应商或材料以降低成本。同时，也可以考虑改变生产流程或采用新技术来提高效率、降低成本。

（3）提高效率。通过优化生产流程、提高员工效率或采用自动化技术，可以降低成本并提高生产效率，从而做到灵活应对成本变化。

（4）调整定价策略。如果成本上升，我们可以考虑适当调整产品或服务定价，以保持利润的稳定性。不过，同时我们也要注意市场竞争和消费者需求，以确保定价策略的合理性。

所以，当"心随成本发生变化"时，我们应该积极应对，努力寻找解决方案来降低成本或提高效率，以保持业务的可持续增长。

综上所述，心商作为超越智商与情商的关键要素，对个人的成功与幸福起着至关重要的作用。通过培养和提高自己的心商，人们能够更好地应对心理压力和挑战，发挥自己的潜能，建立良好的人际关系并享受更高质量的生活。因此，注重心商的发展是个人成长和发展的重要方向之一。

通过理解和处理心理成本与心商的关系，我们可以更好地促进两者的共同发展。一方面，通过降低心理成本，我们可以减轻个体的心理压力，提高生活满意度和工作效率；另一方面，提升心商能帮助我们更好地应对挑战和压力，提升生活的质量和幸福感。两者相辅相成，共同促进个体的全面发展和社会的和谐稳定。

心商、智商与情商的交互关系

心商、智商与情商在个人的发展和成功中相互作用和影响。下面我们将深入探讨这三个概念之间的交互关系。

心商，也称为心理健康商数，是指个人维护心理健康、应对心理压力和挑战的能力。心商高的人通常能够更好地处理情绪波动和压力，保持积极的心态和乐观的情绪。他们更能够应对生活中的挑战和逆境，从而在人际交往中表现出更高的情商和智商。

智商，即智力商数，反映了个人的认知能力和智力水平。智商高的人通常更容易掌握新知识、解决问题和创新思考。然而，仅有高智商并不足以保证个人在人际交往中的成功。情商和心商的发展可以帮助人们更好地发挥智商的优势，提高人际交往的效果和成功率。

情商则反映了个人的情感智慧和社交技巧。情商高的人能够更好地管理情绪、理解他人的情感需求、建立良好的人际关系并解决冲突。情商与智商相互补充，一个高情商的人能够更好地运用自己的知识和技能，与他人建立良好的合作关系，从而实现个人和团队的目标。

不管是情商还是心商，都是在情绪、情感上让自己表现出更理智、更冷静的一面，但它们又是不同的。总的来说，情商注重自我意识、自我调节、社交意识和社交技巧等方面；心商则是个体在情感层面的智慧和能力，它强调个体与自己内心的联系，以及与他人和环境之间的情感互动。

根据二者的定义我们知道，虽然情商和心商都涉及情感的认知和管理，但它们的重点和侧重点都不同。情商主要关注个体在社交和人际关系中的表现及适应能力，强调个体的社交技巧和情感管理能力。它更注重个体与他人之间的互动和情感交流。心商则更注重个体与自己内心的联系和情感互动。它强调个体对自己内心感受的觉察和理解，以及对自己情感的管理和表达能力。总之，心商更关注个体的内在情感体验和自我成长。

在日常生活中，我们经常会遇到各种各样的人和事。如何与人相处，如何处理人际关系，就成了我们必须面对的问题。而在这个过程中，心商的重要性越发凸显。它不仅能帮助我们更好地理解自己，还能够帮助我们更好地与他人相处，使我们拥有一个和谐稳定的人际关系。

心商能够帮助我们更好地理解自己。心商能够让我们了解自己的情感和情绪状态，帮助我们更好地控制自己的情绪，从而更好地应对各种挑战和困难。当我们能够准确地识别自己的情绪时，便能更好地管理自己的情绪，避免情绪失控。同时，心商还能帮助我们更好地认识自己的优点和缺点，从而更好地发挥自己的优势，改进自己的不足。通过了解自己，我们能够更好地把握自己的行为和决策，为成功打下基础。

心商能够帮助我们更好地与他人相处。在人际交往中，心商起着至关重要的作用。心商高的人能够更好地理解他人的情感和需求，从而做到更好地与他人沟通和协调；心商高的人能够更好地倾听他人的意见和建议，更好地理解他人的观点和立场；同时，心商高的人还能更好地处理冲突和矛盾，顺利解决问题和达成共识。通过与他人的良好互动，我们能够建立起良好的人际关系，从而更好地为人处世。

心商能够帮助我们更好地应对挫折和困难。在人生道路上，我们难免会遇到各种挫折和困难。心商高的人能够更好地应对挫折和困难，保持积极的心态和乐观的态度；心商高的人能够更好地调节自己的情绪，更好地应对压力和挑战；同时，心商高的人还能更好地寻求帮助和支持，更容易获得资源和机会。

综上所述，心商在我们的为人处世中起着重要作用。它能够帮助我们更好地理解自己、更好地与他人相处、更好地应对挫折和困难。通过提升自己的心商，我们能够更好地把握人生的机遇和挑战，更好地实现自己的价值和目标。因此，我们应该重视对心商的培养和提升，从而成为更好的自己，活得更成功和拥有更幸福的人生。

总之，心商、智商与情商之间存在着相互影响和促进的关系。一个高情商的人通常拥有较高的心商和智商，他们能够更好地应对挑战、建立良好的人际关系并取得成功。因此，在个人的成长和发展过程中，注重提高这三个方面的能力是至关重要的。

第三章
心商：开启人生转机的内在力量

心商——比智商、情商更重要的是心商

　　心商是指情商（情感智商）和智商（智力智商）之外的另一种智慧，它是个人对自身情绪、思维和行为的认知能力，以及对他人和外界情况的理解和处理能力。通过发展和提升心商，个人可以更好地认识和控制自己的情绪，增强自信心和适应能力，提高与他人沟通和合作的有效性，从而在人生道路上取得更好的表现和成就。心商的提升能够帮助个人更好地应对挑战和困难，开启人生转机，实现更全面的个人发展和成功。

　　心商是一种内在力量，能够帮助人们应对挑战、促进个人成长和提升幸福感、影响人际关系和人际关系质量。通过培养和提高自己的心商，人们能够开启人生转机，为个人的成长和发展带来积极的变革。因此，注重心商的发展是个人成长和发展的重要方向之一。

为什么有的人就是无法控制情绪

有时候，我们并不能控制自己的情绪，比如以下情景中出场的每个人。

在一个平凡的冬日午后，太阳高悬天空，温暖的阳光照射着城市的街道。人们悠闲地行走在街头巷尾，聊着家常，谈着天气。生活仿佛平静而和谐，然而，不远处的一个公园内却正在发生着一场会引发严重后果的事件。

公园中，儿童在嬉戏玩耍，家长们静静地坐在长椅上享受着午后的阳光。突然，小男孩亮亮撞到了带着面包走来的林梅女士。

林梅在购买面包时已经因为服务员态度不热情而觉得自己被区别对待，这时候又被一个孩子撞到，面包散落一地。林梅脸上立马露出了愤怒的表情，怒气冲冲地举起拳头就要朝亮亮挥去。亮亮受到这突如其来的撞击，愣在原地大声哭了起来。

亮亮的母亲王女士目睹这一幕，心急如焚，不顾一切地向林梅冲去，双手及时地紧紧抓住林梅的手臂，怕她伤害亮亮。然而，正在气头上的林梅却无法控制自己的愤怒，只见她猛地挣开王女士的手，发出一声尖叫。

公园内的气氛顿时紧张起来，人们纷纷转过头，惊讶地望着发疯似的林梅。不一会儿的工夫，看热闹的人就围了里三层、外三层，人们纷纷指责林梅的行为过激。一股火药味在空气中弥漫着，一场争斗似乎一触即发。

王女士努力压制住自己想要爆发的脾气，突然，亮亮的父亲张先生冲了过来，愤怒地指责着林梅，言辞激烈，并威胁要报警。

这一威胁引发了一连串的后果，林梅感到无法接受被威胁，情绪失控地发出一声尖叫，引来了更多围观者，于是在众目睽睽之下，双方开始争执不休，场面一发而不可收拾。吵了不知多长时间，可能双方都觉得累了，也没吵出个所以然来，也就无趣地散了。

但对于林梅来说，倒霉的事情还没有结束。她回到家，发现自己的男友竟然还没有做饭，便指着在沙发上正看手机的男友霍珺一顿情绪输出。

霍珺本来想等林梅回来带她出去吃饭，而且早早就给林梅发了信息。但是，林梅因为在公园与人争吵，并未注意到霍珺的信息。结果，在被林梅一顿指责后，霍珺不仅一脸蒙，而且觉得十分委屈，于是他反过来指责林梅，觉得她不可理喻，最后直接穿上外套摔门而出。

空荡荡的房子里，林梅掩面痛哭起来。这时候她才看到霍珺发来的信息。然而，此时一切都已经晚了，只见霍珺最新的一条信息是："你总是这样，我真的受够了，好聚好散吧。"

大家看了这个案例是不是觉得有点夸张？但是，我们仔细想一下就会发现，林梅是一个无法控制自己情绪的女人，可以说，她在遇到不顺心、不如意的事情后便无法控制自己的情绪。与林梅这样的女人交往，不用男友去惹怒她，哪怕是外界一丁点的不如意，都会让她发怒。

所以，本来是完全可以不用在意的小事，却由于林梅情绪的失控，最终变得不可收拾。这个案例让人们深刻领悟到，情绪在某些时候可能会引发不可扭转的后果，提醒我们在压力面前要保持冷静和理智。

这就让我们不得不思考，为什么有的人就是无法控制情绪呢？

我们总结了一些可能的原因。

（1）情绪调节能力不足：情绪调节能力是一个人的情感智力的重要组成部分，它涉及对情绪的识别、理解和管理。如果一个人的情绪调节能力不足，他们可能会缺乏有效的情绪管理策略，难以有效地控制自己的情绪。

（2）心理健康问题：如情绪障碍、焦虑症、抑郁症等心理健康问题，可能会导致情绪调节能力受损。这些问题可能会使人更加敏感、易怒或情绪化，难以控制自己的情绪反应。

（3）缺乏情绪支持：如果一个人在成长过程中缺乏情绪支持，如父母、老师、朋友等人的支持和理解，他们可能会缺乏情感安全感，难以有效地管理自己的情绪。

（4）生理因素：某些生理因素，如激素水平的变化、脑部化学物质的不平衡等，也可能会影响情绪调节能力。

（5）生活压力：生活中的压力和挑战可能会使人的情绪变得不稳定，难以控制。如果一个人长期面临压力，他们可能会感到疲惫不堪，情绪管理能力也会受到影响。

我们发现，以上原因大部分都与缺乏心商，或者说心商能力不足有关。需要注意的是，这些因素可能相互作用，导致一个人难以控制情绪。

对于那些无法控制情绪的人来说，重要的是寻求专业的帮助和支持，如心理咨询、心理治疗等，以帮助他们提高情绪管理能力，更好地应对生活中的挑战。

由此可见，要掌控自己的情绪，就需要提高自己的心商，通过了解情绪的来源和影响，学会掌控情绪。这个过程是需要我们不断地去努力和实践的。最终通过提高心商，更好地应对生活中的挑战和压力，创造更美好的人生。

探索心商的人生哲学

在探索人生哲学之前，我们要先厘清以下三个概念：

哲学是什么？

人生哲学是什么？

心商哲学是什么？

首先，哲学是什么？哲学是一门探讨基本和普遍之问题的学科，这些问题涉及存在、知识、价值、意义等方面。哲学通过反思和批判性的思考，试图理解世界和人类经验的本质，以及我们应该如何行动和生活。哲学不仅是对这些问题的理论探讨，还强调批判性的思维和反思性的态度。它鼓励我们对人生观和世界观进行深入的探究和思考，以便更好地理解和应对生活中的各种挑战和困境。

其次，人生哲学是什么？人生哲学是以人生为研究对象的哲学思维，探讨人生的目的、意义、价值、理想、道路、行为标准、待人接物等方面的问题。其根本目的是探究人类在宇宙中的位置，揭示人生的真谛，并从人生的实践出发，进行哲学的反思和理论的总结，再从哲学和理论上指导人生的实践。它关注的是人类生活的全面性和整体性，以及人类存在的本质和意义。

历史上，许多哲学家都对人生哲学进行了深入的探究，如中国的孔子、老子、庄子，古希腊的苏格拉底、柏拉图、亚里士多德等。他们提出各自的理论和观点，对于人类认识自己、理解人生、指导生活都具有重要的意义。

现代社会中，人生哲学也成了人们关注的重要话题。它不仅是一种哲学思考，更是一种生活方式和人生智慧。通过探究人生哲学，人们可以更加深入地理解自己和世界，更加清晰地认识自己的人生目标和意义，从而更好地面对生活中的挑战和困境，实现自己的人生价值。

最后，心商哲学是什么？心商哲学是一个新兴的概念，它主要是探讨人的内心世界、心态、情感、意志等方面的问题，以及如何通过这些方面来影响人的生活和工作。心商哲学强调的是人的内心力量和心智能力的重要性，认为人的心态、情感、意志等因素对于人生的成功和幸福具有决定性的作用。

心商哲学认为，人的心态是一种重要的心理资源，它可以影响人的思维、行为和情绪。积极的心态可以激发人的潜能，提高人的创造力和适应能力，帮助人更好地应对挑战和困难。而消极的心态则会限制人的发展，使人陷入困境和失败。

　　心商哲学还强调情感管理的重要性。情感是人类内心的一种重要反应，它可以影响人的认知和行为。情感管理是指通过有效的策略和技巧来管理和调节自己的情感，以达到更好的自我控制和心理平衡。

　　总的来说，心商哲学强调人的内心力量和心智能力，它能够帮助人们更好地理解自己、管理自己的情绪和情感，提高自己的意志力和自律能力，从而更好地应对生活中的挑战和困难，实现自己的人生目标和价值。

　　探索心商哲学是一个涉及个人内在世界和外在生活的广泛领域。心商，作为心理健康商数，为人们提供了一个理解自我、他人和世界的独特视角。以下是对探索心商哲学的详细阐述。

　　（1）自我觉察与成长：心商提升强调自我觉察，即深入了解自己的情感、需求和动机。通过自我觉察，人们可以更好地理解自己的成长背景、价值观和信念，以及它们如何影响自己的行为和决策。这种自我觉察有助于个人实现自我成长，不断超越过去的限制，勇敢面对新的挑战。

　　（2）人际关系与情感连接：心商提升重视人际关系和情感连接。它教导人们如何真正倾听他人、理解他人的感受，并建立深层次的人际关系。通过培养共情能力，人们可以更好地与他人建立情感连接，化解冲突，增进彼此之间的信任。这种情感连接不仅有助于提升个人的幸福感，也为社会的和谐发展提供了基础。

　　（3）平衡工作与生活：在快节奏的现代社会中，平衡工作与生活成为一个重要的挑战。心商提升帮助人们理解自己的需求和价值观，从而在忙碌的生活中找到平衡点。它鼓励人们关注自己的心理健康，培养积极的情绪和心态，以更好地应对工作压力和生活挑战。

（4）接纳与正念：心商哲学提倡接纳和正念。接纳意味着接纳自己的不完美和人生的起伏；正念则是一种将注意力集中在当下、不受过去和未来困扰的思维方式。通过接纳和正念，人们可以更好地应对焦虑、抑郁等负面情绪，培养内心的平静与和谐。

（5）追求意义与目标：心商哲学鼓励个人追求有意义的生活和目标。它提醒人们关注自己真正关心的事物，找到生活的目标和意义。通过设定明确的目标并为之努力，人们可以不断提升自己的能力和价值，实现自己的人生价值。

综上所述，探索心商哲学为个人成长和发展提供了宝贵的指导。通过深入了解心商哲学的核心理念和实践方法，人们可以提升自己的心理健康水平、建立良好的人际关系、找到生活的平衡点、培养内心的平静与和谐，并追求有意义的生活和目标。因此，探索心商哲学对于个人的成长和发展具有重要的意义。

超越自我，迈向更高境界

想要超越自我，必须清晰地认识自我，这里就要提到"自我反省、自我反思"。

自我反省与自我反思是一个不断前进的过程，是至关重要的一个环节。只有不断审视自己的行为、思维和态度，我们才能更好地认识自己，发现自己的不足之处，并不断完善自我、提升自我、超越自我。

自我反省和自我反思是指个人对自己的行为、思维和情绪进行深入思考和评估的过程。这两个概念在某种程度上是相似的，但也有一些区别。

自我反省是指对自己过去的行为和决策进行审视和评估。它涉及回顾自己的行为，思考自己的动机和目标，并评估自己是否达到了预期的结果。自我反省可以帮助我们认识到自己的错误和不足之处，并找到改进的方法和策略。

通过自我反省，我们可以更加客观地看待自己的行为，找出其中的问题和不足之处。例如，当我们在与他人交往中出现冲突或误解时，我们可以反思自己的言行是否得当，是否考虑到对方的感受，是否有过激或不恰当的表达。通过自我反省，我们可以更好地认识到自己的问题，并在下次的交往中避免犯同样的错误。

自我反思则更加深入和全面。它不仅关注人的行为和决策，还包括人对自己的思维方式、情绪和价值观进行思考和评估。自我反思可以帮助我们认识到自己的思维偏见、情绪反应和行为模式，并寻找改变和成长的机会。

在日常生活中，我们常常会受到各种各样情绪的困扰和影响，导致我们的思维和态度出现偏差。通过自我反省与自我反思，我们可以更好地认识到自己的优点和长处，从而更加自信地面对挑战和困难。同时，能够让我们更好地与他人相处，提高人际关系质量。

然而，自我反省与自我反思并非是一个一蹴而就的过程。它需要我们有足够的勇气和毅力去面对自己的问题和不足之处,并且愿意进行改变和提升。同时,我们也需要有足够的耐心和坚持,因为成长是一个长期的过程,需要我们不断进行自我反省与自我反思。

我们看下面这样一个案例,它讲述了一个人通过自我反省和自我反思而改变自己人生的故事。

杰夫·贝索斯(Jeff Bezos)是一位美国企业家,也是亚马逊公司的创始人。然而,他的成功并不是一蹴而就的。在创立亚马逊之前,贝索斯经历了一段充满挑战和自我反省的旅程。

贝索斯从小就对科技和创新充满热情。他大学毕业后,在华尔街的一家银行工作,但他很快意识到这不是他想要的生活。于是,他决定辞职,开始自己的创业之路。

贝索斯选择了在线销售图书作为自己的创业方向。一开始,他面临许多困难和挑战,包括如何获取库存、如何宣传和销售产品等。然而,贝索斯并没有放弃,他不断学习和探索,寻找解决问题的方法。

在这个过程中,贝索斯深刻地认识到自己的优点和不足。他发现自己在战略规划和执行方面很出色,但在管理日常事务方面却有些欠缺。于是,他开始寻求合作伙伴,以便更好地分担这些任务。

贝索斯还意识到,要想成功,必须始终保持创新和不断改进的态度。他不断思考如何改进自己的业务模式,并尝试引入新的产品和服务。在不断努力和创新的过程中,贝索斯最终将亚马逊打造成为全球最大的在线零售商之一。

贝索斯的成功并不是偶然的,缘于他对自己的深入反省和不断改进的态度。通过反思自己的行为和思想，贝索斯找到了自己的真正目标，并付诸实践。他的故事告诉我们，实现自己的人生价值，获得真正的成功，离不开不断的自我反省和自我反思。

成长贵在自我反省与自我反思。通过不断审视自己的行为、思维和态度，我们可以更好地认识自己，发现自己的不足之处，从而不断改进和提升自己。只有这样，我们才能在成长道路上不断前行，成为更好的自己。

超越自我，迈向更高境界是一个深奥而又激动人心的过程。在这个过程中，心商起着至关重要的作用。它不仅关乎个人的心理健康，更关乎个人成长、人际关系和生活的质量。以下是对这一过程的详细阐述。

（1）自我觉察与成长：超越自我首先需要对自己有深刻的认识。心商鼓励我们深入了解自己的情感、需求和动机，以及它们背后的根源。通过这样的觉察，我们能够更清晰地看到自己的优点和不足，从而为成长提供明确的方向。真正的成长不仅是知识和技能的积累，更是心灵层面的蜕变和升华。

（2）走出舒适区：迈向更高境界意味着不断地挑战自己，突破过去的限制。这往往意味着离开舒适区，勇敢地面对未知和困难。心商在此过程中起到关键的支撑作用，它帮助我们调整心态，增强应对压力和逆境的能力，从而更好地迎接挑战。

（3）拓展人际关系：心商不仅关注个人的内心世界，也关注与他人的关系。通过培养共情能力和情感智慧，我们可以建立更深层次的人际关系，不仅增进个人的幸福感，也为社会的和谐与进步做出贡献。一个高心商的人往往能够激发他人的积极性和创造力，成为群体中的引领者和变革者。

（4）内心的平和与智慧：超越自我并不意味着无休止的追求和焦虑。相反，心商鼓励我们找到内心的平衡点，培养正念和接纳的态度。在快节奏和高度竞争的社会中，这种平和与智慧是难得的奢侈品。它使我们能够更好地应对日常生活中的压力和挑战，为自己的心灵留出一片净土。

（5）持续的自我超越：超越自我并不是一次性的任务，而是一个持续不断的过程。随着环境和心境的变化，我们需要不断地调整和更新自己。心商为我们提供了持续成长的动力和工具，使我们在人生的道路上始终保持积极向上的态度。

综上所述，超越自我、迈向更高境界是一个复杂而又意义深远的过程。在这个过程中，心商作为一个关键要素，为我们提供了内在的力量和支持。通过培养和提高自己的心商，我们不仅能够提升个人的心理健康水平，更能够实现更深层次的心灵成长和生活质量的提升。因此，注重心商的发展是实现个人超越和迈向更高境界的重要途径。

心商：解锁人生困境的关键

人生困境多种多样，因人而异，以下是常见的一些困境。

困境一，职业困境：关于职业选择和职业发展的困惑，如是否应该转行、如何升职等。

困境二，家庭关系困境：如与家人之间的矛盾、沟通问题或家庭责任分配问题等。

困境三，人际关系困境：如友情、爱情或亲情的处理问题，以及社交焦虑等。

困境四，身体健康困境：健康状况的下滑、慢性疾病或康复问题等。

困境五，心理压力困境：如焦虑、抑郁、情绪管理困难等心理压力问题。

困境六，财务困境：经济压力、债务问题或投资失败等。

困境七，人生目标困境：对于人生目标的不确定、迷茫或丧失目标感等。

困境八，时间管理困境：时间不够用、工作与生活不平衡等时间管理问题。

困境九，自我认知困境：对于自我价值、自我能力的质疑和困惑等。

困境十，决策困境：对于重大决策的犹豫、不安或恐惧等决策问题。

这些困境不仅影响个体的生活质量，还可能引发一系列的心理和情绪问题。摆脱这些困境需要个体进行深入的自我反省，了解自己的需求、价值观和目标，同时积极寻求外部的支持和资源。

然而，解锁困境的方式之一就是运用心商。当我们谈到心商，我们不仅是在讨论智力或情商，更是在探讨如何运用内心的智慧来面对和解决生活中的挑战和困境。在这个日新月异的时代，面对压力、挫折和困扰，心商的重要性愈加显现。

一个用内心的智慧来面对生活的挑战和困境的案例是篮球传奇人物迈

克尔·乔丹（Michael Jordan）的职业生涯。

迈克尔·乔丹在 NBA 的职业生涯中取得了巨大的成功，但他也经历了许多挑战和困境。其中一个典型的例子是他在 1993 年因为父亲被谋杀而被迫暂时离开篮球场。这是一个巨大的打击，但他用内心的智慧成功地克服了这一困境。

乔丹首先通过接受心理辅导与寻求亲友的支持来应对丧父之痛。他认识到自己需要时间来疗愈和调整心态，而不是急于回到球场。在这个过程中，他学会了如何管理情绪，保持冷静和专注。

乔丹还通过自我反省和重新定位找到了继续前行的动力。他意识到篮球不仅是一种职业，更是他表达自己、追求梦想和纪念父亲的方式。因此，他决定以更加坚定的决心和专注的态度回归球场，将篮球作为一种疗愈和向父亲致敬的方式。

在回归后，乔丹表现得更加出色。他带领芝加哥公牛队赢得了多个 NBA 总冠军，并在职业生涯中创造了许多令人难以忘怀的时刻。他用自己的成就证明了内心的智慧可以帮助人们战胜困境，并实现更伟大的目标。

这个案例展示了乔丹在面对生活中的巨大挑战时，如何运用内心的智慧来应对困境，并从中汲取力量。他通过接受心理辅导、寻求支持、自我反省和重新定位，成功地克服了困难，并以更加坚定的决心和专注的态度回归了篮球场，取得了巨大的成功。这个案例向我们展示了内心的智慧在面对生活中的挑战和困境时的重要性。

（1）心商的核心在于自我认知。只有深入了解自己的内心，才能找到最适合自己的应对策略。自我认知的过程不仅是一种思考，更是一种情感的体验。我们要学会倾听自己内心的声音，感受自己的情绪，这样我们才能真正理解自己的需求和动机。

（2）心商强调的是对困境的积极应对。人生中难免会遇到各种困难和挑战，而心商高的人会选择积极地面对。他们不会轻易放弃，而是会从中寻找机会，努力去解决问题。这种积极的心态不仅有助于个人成长，也能给周围的人带来正能量。

（3）心商还涉及人际关系的处理。与他人相处时，心商高的人更能理解他人的感受，尊重他人的需求。他们知道如何平衡自己的利益和他人的利益，从而建立起和谐的人际关系。这种能力不仅有助于事业的发展，也能让个人生活更加美满。

那么，如何提高心商呢？一方面，我们可以从日常生活中积累经验，学会自我反思和总结；另一方面，我们也可以通过阅读、冥想、心理咨询等方式来提升自己的内心修养。这些方法都能帮助我们更好地理解自己和他人，从而更好地应对生活中的挑战。

总之，心商是解锁人生困境的关键。通过提高心商，我们不仅能更好地应对生活中的挑战，也能让自己的内心世界更加丰富和宁静。在这个充满变化的世界里，拥有高心商的人将在人生的道路上走得更远、更稳。

第四章
心商视角下的命运与人生角色

心商——比智商、情商更重要的是心商

人生角色是指个体在社会中扮演的各种角色，比如家庭成员、朋友、同事等。

心商在命运与人生角色的塑造中起着重要作用，能帮助个体更好地理解、适应和处理生活中的各种挑战和变化。通过平衡情商和智商的发展，个体可以更加灵活地驾驭自己的命运，更好地扮演不同的人生角色。

在人生角色中，大家都希望成为强者；然而，强者的含义可以从不同的角度进行论述。

从物质层面来看，强者可以指在某个领域或某个方面具有超过该领域平均水平的实力、能力或资源的个体或集体。这种实力可以体现在物质财富的积累、技术的创新、军事力量的强大等方面。在这个意义上，强者往往具有更大的影响力和话语权，能够在竞争中占据优势地位。

从道德层面来看，强者可以指具有高尚品质和道德修养的人。这种强者不仅在物质上强大，在精神上也具有力量。他们具有坚定的信念和价值观，能够在困难和挑战面前保持积极向上的态度，勇往直前。这种强者往往能够成为他人的榜样，引领他人朝着正确的方向前进。

这一章，我们主要聊一聊心商视角下的命运与人生角色，看一下普通人想要成为强者是否有更多的渠道和方式。

多重角色与心商的互动

人的一生，从出生起，就不是一个单一的角色。

人生所担任的角色是多样且不断变化的，这些角色形成了人生的多面性和丰富性。以下是对这一观点的具体解读。

一个人从出生起就开始扮演"孩子"这一角色。在婴幼儿期，他们依赖于父母或其他照顾者的照顾和指导。随着年龄的增长，孩子逐渐发展出独立思考和自主行动的能力，并在家庭、学校和社会中开始扮演更多角色。

进入青春期后，青少年可能会开始承担"学生""朋友""兼职工作者"等角色。这些角色帮助他们建立自我认同，学习社交技能，并为未来的成年生活做准备。

成年后，人们通常会承担起更多的责任和义务，扮演如"父母""配偶""职业人士"等角色。在工作场所，他们可能是领导者、团队成员或创新者等。在家庭生活中，他们可能是照顾者、支持者或决策者等。这些角色要求他们具备不同的技能、知识和情感态度。

此外，人们还可能在社会中扮演"公民"的角色，参与社区活动，关注社会问题，并为推动社会进步做出贡献。

随着时间的推移和生活的变化，人们可能需要适应新的角色或淡出某些角色。例如，退休后可能需要从职业人士转变为休闲活动爱好者或志愿者，离婚或丧偶后可能需要重新调整家庭角色等。

总之，人的一生中扮演的角色是多样且不断变化的。这些角色不仅塑造了个人身份和价值观，还为人们提供了与他人互动和共同成长的机会。通过不断地适应和调整角色，人们可以在生活中找到满足感、成就感和幸福感。

多重角色与心商之间存在着互动关系，具体表现在以下几个方面。

（1）情绪管理能力：在不同的角色和身份中，可能会面对不同的挑战和压力，这时候需要有良好的情绪管理能力，保持冷静、理智和情绪稳定。

在不同的角色和身份中，个体往往会面临各种各样的挑战和压力。例如，作为一位职场人士，你可能需要应对高强度的工作、与同事的竞争关系，以及达到业绩要求的压力；作为一位家长，你可能需要关心孩子的教育、处理与孩子的沟通问题，以及平衡工作和家庭的时间问题。这些不同的角色和身份所带来的挑战和压力，往往要求个体具备良好的情绪管理能力，以便能够保持冷静、理智和情绪稳定。

情绪管理能力是个体在面对压力和挑战时，能够有效地调控自己的情绪，避免焦虑、愤怒或沮丧等负面情绪影响自己的决策和行为。这种能力对于应对不同角色和身份所带来的挑战至关重要。

为了提升情绪管理能力，个体可以采取多种策略。例如，定期进行情绪调节训练，学习有效的应对压力的方法，如深呼吸、冥想等；培养积极的生活态度和乐观的心态，关注自己的情绪变化，并学会调整自己的情绪状态；寻求社会支持，与朋友、家人或专业人士分享自己的感受和困惑，以获取他们的建议和支持。

总之，在不同的角色和身份中，个体需要具备良好的情绪管理能力，以应对各种挑战和压力。通过保持冷静、理智和情绪稳定，我们能够更好地应对问题，提高自己的生活质量和工作效率。

（2）沟通和人际关系：在不同的角色中，需要与不同的人交流和互动，有时候可能需要处理复杂的人际关系。以下是几个具体的例子。

在职场中，员工可能需要与上级、同事、下级以及客户等不同角色的人员进行交流。比如，作为项目经理，你可能需要与上级沟通项目的进展和预算，与同事协调不同的任务，与下级沟通执行细节，还要与客户保持良好的关系。在这个过程中，处理与各个层级和角色的关系是项目成功的关键。有时候，你可能需要在各种利益之间找到平衡，或者解决由于沟通不畅或误解导致的冲突。

在家庭中，人们需要与父母、孩子、配偶、兄弟姐妹等不同角色进行互动。例如，作为父母，你可能需要处理孩子的教育问题、情感沟通，以及与其他家庭成员之间的意见不合问题。在处理这些关系时，需要耐心、理解和沟通，以确保家庭和谐和孩子的健康成长。

在社交场合，如聚会、婚礼或社区活动中，我们可能需要与不同背景、性格和兴趣的人进行互动。在这个过程中，可能需要处理如何与陌生人建立联系、如何维持与老朋友的关系，以及如何妥善处理可能出现的冲突或误解等复杂的人际关系。

这些例子都展示了在不同的角色中，我们可能需要处理各种复杂的人际关系。这要求我们具备良好的沟通技巧、同理心和解决冲突的能力，以便更好地与他人互动，建立和维护健康的关系。

（3）冲突解决能力：在扮演多重角色的过程中，可能会出现冲突和矛盾。心商高的人能够更好地处理冲突，化解矛盾，更好地平衡各方的利益，达到和谐的目的。

（4）自我认知和自我管理：在不同的角色和身份中，心商高的人能够更好地认识和理解自己，从而更好地管理自己的情绪和行为。他们知道如何在不同的情境下保持真实和一致地表现自己，不受外界影响。

因此，多重角色与心商之间是相互促进和影响的关系，一个人若能够提升自己的心商水平，将更好地适应不同的角色和环境，并取得更好的成就。

转变的痛苦与向上的成长

人们常说，改变是成长的催化剂。但很多时候，转变并不总是带来即时的喜悦和满足。相反，它可能带来痛苦、困惑，甚至是不安。然而，正是这些转变中的痛苦和挣扎，促成了向上的成长和更为坚实的自我。

案例一：职业的转变

有一个名叫李明的职场人士，他在一家大型公司担任中层管理职务多年，稳定且安逸。然而，随着市场的不断变化和公司战略的调整，李明发现自己逐渐失去了工作的热情和方向。经过长时间的思考，他决定放弃现有的职位，转行从事自己一直感兴趣的创意方面的职业。

这个决定给李明带来了巨大的挑战和痛苦。他需要重新学习新的技能，面对不确定的未来，还要处理家人和朋友的质疑与不理解。但正是在这样的痛苦和挣扎中，李明逐渐找到了自己前进的方向，并在新的领域取得了显著的成就。这次职业的转变虽然痛苦，却让他成长为一个更加坚定、自信的人。

案例二：人际关系的转变

再来看一个关于人际关系转变的例子。小红和她的男友交往了五年，但随着时间的推移，他们之间的关系逐渐变得平淡和疏远。小红意识到，他们需要做出改变，否则关系可能会走到尽头。于是，她决定与男友坦诚地沟通，寻找解决问题的方法。

这个过程中，小红和她的男友都经历了痛苦和困惑。他们需要面对自己的不足和错误，也需要理解和接纳对方的观点和感受。但正是这种坦诚和沟通，让他们的关系得到了转变。他们成长了，学会了如何更好地沟通和理解对方，也让彼此的关系更加紧密和稳固。

转变往往伴随痛苦和挣扎，但正是这些经历让我们得到成长和进步。无论是职业转变还是人际关系转变，我们都需要勇敢地面对挑战和困难，同时要学会从中汲取经验和教训。只有这样，我们才能真正地成长为一个更加成熟、坚韧和自信的人。

无论是在工作、学习还是在人际关系中，我们总会遇到各种各样的挫折和困难。然而，正是这些不如意的经历，塑造了我们的性格，让我们变得更加坚韧和成熟。

在工作中，我们常常会遇到各种挑战和压力。无论是工作任务的繁重，还是与同事之间的摩擦，都可能让我们感到不如意。但是，正是这些困难，让我们学会了如何应对挑战，如何与他人合作，如何解决问题。通过不断面对和克服困难，我们逐渐成长为一个更加成熟和有能力的职场人。

在学习中，我们也常常会遇到各种困难和挫折。无论是学习成绩的下滑，还是对某门课程的困惑，都可能让我们感到不如意。然而，正是这些挫折，让我们学会了如何坚持不懈地学习，如何寻求帮助和支持，如何调整学习方法。通过不断地面对和克服困难，我们逐渐成长为一个更加聪明和有智慧的学习者。

在人际关系中，我们也常常会遇到各种矛盾和冲突。无论是与家人之间的争吵，还是与朋友之间的误解，都可能让我们感到不如意。然而，正是这些矛盾和冲突，让我们学会了如何沟通和理解他人，如何处理人际关系，如何妥善解决问题。通过不断面对和克服困难，我们逐渐成长为一个更加善解人意和高心商的人。

无论是在工作中、学习中还是人际关系中，我们都体会到了"人生在世，不如意事十之八九"这句话的深刻含义，但是我们不能因此而气馁和放弃。相反，我们应该更加积极地面对困难，更加勇敢地迎接挑战。正是这些不如意的经历，让我们变得更加坚强和成熟。无论是在工作、学习还是人际关系中，我们都应该以积极的态度去面对困难，相信自己的能力，相信自己能够克服一切困难。只有这样,我们才能在人生的道路上走得更远,取得更大的成就。

面对人生中的不如意,我们可以采取以下几个步骤。

步骤一:接受现实。

要接受当前不如意的人生状况,不否认或逃避现实。只有勇敢地面对现实,才能找到解决问题的方法。

人生是一场旅程,充满了各种挑战和困难。在这个过程中,我们常常会遇到各种各样的现实问题,而如何面对和解决,则成了我们必须要思考的问题。

(1)面对现实意味着我们要正视自己的现状和局限。每个人都有自己的优点和不足,我们不能逃避或否认自己的弱点,而是要勇敢地面对它们。只有当我们真正认识到自己的不足之处,才能有针对性地改进和提升自己。否则,我们将陷入自我欺骗的泥沼中而无法真正成长和进步。

(2)面对现实意味着我们要接受生活中的不完美和不如意。生活并不总是如我们所愿,我们会遇到各种挫折和困难。然而,我们不能因此而沮丧或放弃,而是要学会从失败中汲取教训,不断调整自己的心态和行动。只有当我们接受现实,并积极应对时,才能找到解决问题的方法,走出困境。

(3)面对现实意味着我们要有清晰的目标和计划。人生的道路并不是一帆风顺的,我们需要有明确的目标和规划,才能更好地应对各种挑战和困难。只有当我们知道自己想要什么,并制定出实现目标的具体步骤时,才能更好地应对现实中的各种变化和挑战。

（4）面对现实意味着我们要有积极的心态和端正的态度。人生中总会有一些不如意的事情发生，但我们不能因此而消沉或抱怨。相反，我们应保持积极的心态，相信自己的能力和潜力，坚持努力和奋斗。只有当我们积极面对现实，并相信自己能够克服困难时，才能真正实现自己的梦想和目标。

人生要面对现实是一种必然，也是一种必须。只有当我们正视自己的现状和局限，接受生活中的不完美，制订明确的目标和计划，保持积极的心态和态度时，我们才能更好地应对现实中的各种挑战和困难，实现自己的人生价值。

步骤二：寻找原因。

仔细分析不如意的原因，找出问题的根源。这可能涉及自身的不足、外部环境的影响或其他因素。找到问题的原因，有助于我们制定解决方案。

人生不如意之事，是每个人都会遇到的。当我们遭遇挫折、困境或失败时，往往会感到沮丧和失望。然而，与其一味地抱怨和自怨自艾，不如积极地寻找原因，从中汲取教训，为自己的未来做好准备。

（1）寻找原因可以帮助我们认清自己的不足。人生的道路上，我们难免会遇到各种各样的挑战和困难，而它们往往是对我们自身能力的一种考验。通过寻找原因，我们可以反思自己在面对困境时是否有足够的耐心和能力去应对。如果发现自己的不足之处，我们可以通过学习和提升自己的能力来弥补，从而更好地应对未来的挑战。

（2）寻找原因可以帮助我们改掉不良的习惯和不好的态度。人生不如意，往往是由我们的某些习惯和态度不当所致。例如，我们可能缺乏坚持和毅力，导致无法克服困难；我们可能过于消极和悲观，导致无法找到问题的解决办法。通过寻找原因，我们可以发现自己的不良习惯和态度，并努力改变它们。只有改变了不良的习惯和态度，我们才能更好地应对人生的挑战，取得更好的成就。

（3）寻找原因可以帮助我们更好地规划未来。当人生不如意时，我们往往会感到迷茫和无助。然而，通过寻找原因，我们可以找到问题的根源，并从中得出教训。这些教训可以帮助我们更好地规划未来的发展方向。例如，如果我们在工作中遇到了挫折，那么我们可以反思自己的职业规划是否合理，是否需要进一步提升自己的技能或丰富自己的专业知识。通过寻找原因，我们可以更加明确自己的目标和方向，为未来的发展做好准备。

总之，人生不如意时，我们应该积极地寻找原因。通过寻找原因，我们可以认清自己的不足之处，改变不良的习惯和态度，更好地规划未来。只有这样，我们才能在困境中找到突破口，不再抱怨和自怨自艾，而是勇敢地面对挑战，为自己的未来铺就一条光明的道路。

步骤三：制定目标。

设定明确的目标，明确自己想要改变的方向和结果。目标可以帮助我们保持动力和专注力，同时是衡量进展的标准。

步骤四：制订计划。

制订详细的行动计划，包括具体的步骤和时间表。计划可以帮助我们有条不紊地实现目标，并提供一种有序的方式来应对不如意的人生。

人生是一场漫长的旅程，每个人都希望能够过上充实而有意义的生活。然而，要实现这样的目标并不容易，因为人生充满了各种不确定性和挑战。为了更好地应对人生的起伏和变化，制订计划是至关重要的。

（1）制订计划可以帮助我们明确目标和方向。人生中有太多的选择和机会，如果没有一个明确的目标，我们就很容易迷失方向，浪费时间和精力。通过制订计划，我们可以明确自己的目标，并为之制订一系列的步骤和行动计划。这样，我们就能更加有条理地迈向成功。

（2）制订计划可以帮助我们更好地管理时间和资源。时间是有限的，每个人都是24小时一天。如果没有一个合理的计划，我们就很容易陷入拖延和浪费时间的陷阱之中。通过制订计划，我们可以合理安排时间，将重要的事情放在优先处理的位置，避免被琐事困扰。同时，制订计划还可以帮助我们更好地管理资源，包括人力、物力、财力。通过合理规划，我们可以更好地利用有限的资源，实现效益最大化。

（3）制订计划可以帮助我们应对挑战和困难。人生充满了各种不确定性和困难，我们无法预测未来会发生什么。然而，通过制订计划，我们可以预见可能的问题和挑战，并为之制定应对策略。这样，当困难来临时，我们就能够更加从容地应对，不至于被击倒。

（4）制订计划可以帮助我们实现自我成长和进步。人生是一个不断学习和成长的过程，我们需要不断地提升自己的能力和素质。通过制订计划，我们可以明确自己的短期和长期目标，并为之制订相应的学习和成长计划。这样，我们就能够有针对性地进行学习和实践，来不断提升自己的能力和素质。

人生需要制订计划。制订计划可以帮助我们明确目标和方向，更好地管理时间和资源，应对挑战和困难，实现自我成长和进步。无论是在个人生活中还是职业发展中，制订计划都是取得成功的关键。让我们珍惜时间，制订计划，为自己的人生涂上一抹亮色吧！

步骤五：寻求支持。

寻求家人、朋友或专业人士的支持和建议。他们可以提供情感上的支持、实用的建议或专业的指导，帮助我们渡过困难时期。

步骤六：培养积极心态。

保持积极的心态，相信自己能够克服困难并取得成功。积极的心态有助于我们保持乐观、坚持不懈，并从失败中学习和成长。

人生的旅途中，我们难免会遇到各种各样的困境和挑战。这些困境可能是工作上的挫折，也可能是人际关系中的矛盾，甚至是健康上的问题。然而，无论遇到什么样的困境，我们都需要用积极的心态来面对。

（1）积极的心态能够帮助我们更好地应对困境。当我们陷入困境时，消极的心态只会让我们更加沮丧和无助，而积极的心态则正好相反。首先，积极的心态能够激发我们内在的力量，让我们更加坚定地面对困难；其次，积极的心态能够让我们看到问题的另一面，寻找解决问题的方法和途径；最后，积极的心态能够让我们保持冷静和理智，不是被困境吓倒，而是积极主动地去寻找摆脱困境的办法。

（2）积极的心态能够帮助我们保持健康的身心状态。困境往往会给我们带来压力和焦虑，如果我们一直保持消极的心态，这些负面情绪会不断积累，最终导致我们的身心健康出现问题。而积极的心态不仅能够帮助我们更好地应对压力，释放负面情绪，保持身心的平衡，还能让我们更加乐观和自信，增强我们的抵抗力和免疫力，从而更好地保持健康。

（3）积极的心态能够帮助我们发现困境中的机会。困境往往是人生的一次考验，而积极的心态可以帮助我们摆脱困境。首先，能够让我们更加深入地了解自己，发现自己的潜力和能力；其次，能够让我们从困境中寻找机会，发现成长的空间；最后，能够让我们更加勇敢地面对挑战，不断学习和成长，最终变得更加强大和成熟。

在人生旅途中，困境虽然是不可避免的，但是，我们可以选择如何面对和看待困境。培养积极的心态，让我们能够更好地应对困境，保持健康的身心状态，在困境中发现机会并获得成长。因此，我们应该在困境中保持积极的心态，相信自己的能力，勇敢地迎接人生的挑战。

步骤七：寻找机会。

当我们在人生中遭遇不如意时，我们要积极行动起来，寻找新的机会和可能性。这意味着我们要尝试新的事物、学习新的技能或改变自己的生活方式。可见，寻找机会可以为我们带来新的希望和改变。

总之，当遭遇不如意时，我们应该接受现实、寻找原因、制订目标和计划、寻求支持、培养积极心态，然后寻找新的机会。通过这些步骤，我们便可以积极应对困难，逐渐摆脱不如意的遭遇。

第四章　心商视角下的命运与人生角色

角色化与心商的关联

角色化与心商的关联主要体现在一个人如何在其扮演的不同角色中展现出内在的稳定性和心理素质。

在不同的角色中，人们往往会面临不同的压力和挑战。比如，在工作角色中，可能会面临工作压力、竞争关系或职业发展等问题；在家庭角色中，可能会遇到亲子关系、家庭矛盾或情感支持等挑战。这些不同的角色和情境要求个体具备不同的心理素质和应对策略。

在生活中，每个人都有多重角色，如工作者、家庭成员、朋友等。这些不同的角色带来的是不同的压力和挑战，这些压力和挑战既相互独立，又可能互相影响。下面结合实例，具体阐述在工作和家庭这两个主要角色中人们可能面临的压力和挑战，以及在这些情境下所必需的心理素质和应对策略。

在工作角色中，人们通常会面临工作压力，这包括但不限于工作量过大、时间紧迫、任务复杂等。比如，一个项目经理可能需要在限定时间内完成一个涉及多个部门、需要大量协调和沟通的大型项目。在这个过程中，他需要承受来自上级的压力、团队的期待以及自身对成功的渴望。这种压力可能导致他焦虑、失眠，甚至影响他的健康和家庭关系。

除了工作压力，工作场所的竞争关系也是一个重要的压力源。在竞争激烈的行业中，如 IT、金融等，员工可能需要不断学习和提升自己的技能，以保持竞争力。例如，一个软件工程师可能需要在业余时间学习新的编程语言或工具，以应对可能的项目需求。这种竞争压力可能导致他感到不安和自卑，甚至产生职业倦怠。

职业发展也是工作角色中不可忽视的压力因素。对于许多人来说，职业发展是他们工作的主要动力之一。然而，职业道路并非一帆风顺，晋升、转岗、跳槽等都需要考虑诸多因素，如个人能力、公司政策、市场环境等。比如，一个销售经理可能会面临薪资不满足、职位晋升受阻等困境。这种困境可能导致他感到沮丧和失落，甚至影响他的工作表现和团队士气。所以，他可能一直在寻求更好的职业发展机会。

而在家庭角色中，人们面临的挑战则更多地涉及情感层面。亲子关系是最常见也是最复杂的挑战之一。父母需要平衡自己的需求和孩子的成长需要，这并非易事。例如，一个母亲可能需要花费大量时间照顾孩子的日常生活和学习，但她也可能有自己的职业追求和兴趣爱好。这种矛盾可能导致她感到疲惫和挫败。

家庭矛盾也是一个不可忽视的挑战。家庭成员之间可能存在性格差异、价值观冲突等问题，这些问题如果得不到妥善处理，就可能升级为家庭矛盾。比如，一对夫妻可能因为家务分配不均、教育孩子的方式不同等问题而产生争执和冷战。这种矛盾可能导致他们感到痛苦和失望，甚至影响他们的婚姻关系和孩子的成长。

情感支持是家庭角色中另一个重要的挑战。家庭成员需要相互支持、关爱和理解，以维持家庭的和谐和幸福。然而，在现实生活中，人们可能会因为各种原因而感到孤独和失落，比如失业、疾病、亲友离世等。这种时候，家庭成员的支持就显得尤为重要。如果缺乏情感支持，个体可能会感到无助和绝望，甚至产生心理问题。

面对这些不同的角色和情境，个体需要具备不同的心理素质和应对策略。在工作角色中，个体需要具备良好的抗压能力、沟通协调能力和自我学习能力等；而在家庭角色中，个体则需要具备同理心、情感表达能力和问题解决能力等。同时，个体还需要学会合理分配时间和精力、寻求外部支持和帮助等策略，以应对各种压力和挑战。

不同角色带来的压力和挑战是多种多样的，但无论是哪种压力和挑战，都需要个体具备相应的心理素质和策略来应对。只有这样，个体才能在面对压力和挑战时保持平衡和稳定，实现自我成长和幸福。

所以，相对来说，心商高的人通常能够更好地应对这些压力和挑战。他们具备较高的心理韧性，能够在面对困难时保持冷静和乐观，寻找解决问题的方法和途径。他们在不同角色中的表现也更加稳定和可靠，能够灵活地调整自己的心态和行为，以适应不同的情境和要求。

角色化与心商的关联还体现在个体如何理解和处理自己在不同角色中的身份认同和情感投入。心商高的人通常能够更好地处理角色冲突和角色转换，他们能够在不同的角色之间灵活切换，不会因为角色的转变而产生过度的焦虑或困惑。他们也能够更好地理解和处理自己在不同角色中的情感需求和表达方式，从而更好地与他人互动和沟通。

综上所述，角色化与心商之间存在密切的关联。心商高的人在不同的角色中能够展现出更好的心理素质和适应能力，更好地应对挑战和压力，实现自我发展和成长。因此，提升个体的心商水平对于提高其在不同角色中的表现具有重要的意义。

内心转化：心商提升的关键

心商提升的关键在于多方面的培养和实践。以下是一些关键要素。

（1）情绪认知与管理：要能够识别和感知自己的情绪，了解情绪产生的原因和影响。在此基础上，学会有效地管理情绪，避免情绪过度波动影响决策和行为。

（2）积极心态：保持积极的心态对于提升心商至关重要。遇到困难时，要学会从中寻找机会并不断成长，而不是沉溺于负面情绪中。同时，要对自己和他人保持开放和包容的态度，接纳不同的观点和建议。

（3）同理心与沟通能力：提升同理心，即站在他人的角度理解和感受对方的需求和情绪，有助于建立更好的人际关系。同时，良好的沟通能力也是心商的重要组成部分，要学会清晰、准确地表达自己的观点和感受，同时倾听他人的需求和反馈。

（4）自我激励与自我管理：要有明确的目标和计划，并通过自我激励来保持持续的动力。同时，学会自我管理，包括时间管理、压力管理等，以提高工作效率和生活质量。

（5）适应性与韧性：面对变化和挑战时，要有足够的适应性和韧性。这意味着要能够灵活地调整自己的策略和方法，以应对不同的情境。同时，在面对困难和挫折时，要有足够的毅力和韧性，坚持自己的目标和信念。

（6）持续学习与反思：要养成持续学习和反思的习惯。通过阅读、实践、与他人交流等方式不断扩展自己的知识和见识，同时反思自己的行为和决策，从中汲取经验教训，不断完善和提升自己。

综上所述，心商提升的关键在于全面的情绪认知与管理、积极心态、同理心与沟通能力、自我激励与自我管理、适应性与韧性、持续学习与反思等多方面的培养和实践。通过不断的努力和实践，我们可以逐步提升自己的心商水平，更好地应对生活中的挑战和困难。

在我们的社会环境中，什么样的人可以被称为强者？

能够影响他人情绪的人算是强者吗？

对于"强者"一词，每个人都有不同的定义。但是，笔者认为，生命中的强者，不仅是指那些身体强壮、能力出众的人，也包括那些在面对困难和挑战时能够坚持不懈、勇往直前的人。他们拥有坚定的信念和积极的心态，能够克服一切困难，迎接生活的挑战。

首先，生命中的强者是内心强大的人。他们拥有积极向上的心态，对待生活充满希望和信心。无论遇到什么困难，他们都能保持冷静和镇定，不被困境吞噬。他们相信自己的能力，相信只要努力奋斗，就能克服一切困难。他们不会轻易放弃，而是会坚持不懈地追求自己的目标。

其次，生命中的强者具备坚定的信念。他们知道自己想要什么，有明确的目标和追求。无论遇到多大的困难，他们都会坚守自己的信念，不为外界的诱惑所动摇。他们相信只要坚持不懈，就能够实现自己的梦想。他们不会被困难吓倒，而是会用坚定的信念去面对挑战。

再次，生命中的强者具备积极的行动力。他们不仅会谈理论，更会付出实际行动。他们会主动寻找机会，积极面对挑战。无论遇到多大困难，他们都会勇往直前、不畏艰难。他们相信只要努力奋斗，就能战胜一切困难、取得成功。

最后，生命中的强者都具备适应能力。他们知道，生活是充满变数的，随时都可能面临新的挑战和困难。他们不会因为困境而沮丧，而是会积极寻找解决问题的办法以适应新的环境。他们相信，只要保持灵活的思维和积极的态度，就能够应对一切变化，战胜一切困难。

无论我们身处何种环境，都应该学习强者的精神，做生命中的强者。只有拥有坚定的信念、积极的心态和果决的行动力，才能战胜困难，迎接生活的挑战，成为真正的强者。

成为生命中的强者需要培养以下几个方面的能力和品质。

（1）建立积极的心态：积极的心态是成为强者的基础。要学会在面对挑战和困难时保持乐观及坚定的信念，相信自己能够克服困难并取得成功。

（2）设定目标并制订计划：强者知道自己想要什么，并通过制订明确的目标和计划来实现它们。

（3）培养自律和毅力：自律是成为强者的关键。要学会控制自己的欲望和冲动，养成良好的习惯和规律的生活方式。同时，要有毅力和坚持不懈的精神，即使面对困难和挫折也要坚持下去。

（4）学习和成长：强者不断学习和成长，不断提升自己的知识和技能。要保持好奇心和求知欲，积极寻求新的学习机会和挑战自己的能力。

（5）建立积极的人际关系：强者懂得与人相处，建立积极的人际关系。能够倾听和理解他人，尊重他人的观点和感受，并与他人建立互相支持与合作的关系。

（6）管理情绪和压力：强者能够有效地管理自己的情绪和应对压力。能够控制情绪的表达，寻找有效的应对压力的方式，如运动、冥想或与朋友交流等。

（7）培养自信和自尊：强者有自信心和自尊心，相信自己的能力和价值。懂得要学会接受自己的不足和错误，并从中汲取教训，不断提升自己的自信心和自尊心。

（8）培养适应能力：强者能够适应不断变化的环境和情况。要学会灵活应对变化，调整自己的思维方式和行为方式，寻找新的解决方案和机会。

成为生命中的强者需要不断地努力和提升自己，培养积极的心态和毅力，养成自律的习惯，努力学习和成长，建立积极的人际关系，有效地管理情绪和压力，建立自信和自尊，以适应不断变化的环境。

下面举几个世界名人的例子。

案例一：海伦·凯勒是美国现代女作家、教育家和社会活动家，她在19个月大时因疾病失去了视觉和听觉。尽管面临巨大的困难，但她通过学习手语和触觉字母，最终获得了接受正常教育的机会，并成为哈佛大学的第一位盲聋学生。毕业后，她成了一位畅销书作家，为残疾人争取权益，为妇女的参政权而奋斗。可以说，海伦·凯勒的坚强意志和积极的生活态度，激励了无数人。

案例二：斯蒂芬·威廉·霍金是英国理论物理学家、科学思想家和宇宙学家，他在21岁时被诊断出患有肌萎缩侧索硬化（ALS），即"渐冻症"，这导致他逐渐失去了运动能力。然而，他并没有放弃，而是继续从事科学研究，并在黑洞和宇宙起源等领域做出了重要贡献。尽管身体状况恶化，但他仍然坚持通过电脑辅助通信设备进行交流，并成了一位畅销书作家和公众演说家。斯蒂芬·威廉·霍金的坚强和乐观精神激励了无数人，证明了即使在不如意的人生中，也可以活得很精彩。

其实，在我们身边也有很多这样的人，他们经历了挫折和困难，但他们没有放弃，而是坚持不懈地追求自己的梦想和目标。他们或许没有得到外界的认可和赞扬，但他们在内心找到了自己的价值和意义。他们用坚强的意志和勇气面对困境，从挫折中汲取教训，不断进步和成长，成了生命中的强者。

这些强者可能是我们身边的普通人，如默默无闻的工人、农民、家庭主妇、白领职员等。他们或许没有出众的才华和出色的能力，但他们拥有不屈的精神和顽强的毅力。他们在平凡的生活中发现了自己的价值，在平凡的工作中创造了不平凡的成绩。

强者不一定是那些拥有物质财富和名利的人，他们可能是那些默默奉献、为他人付出的人。他们用自己的力量去改变周围的环境和生活，为他人带来温暖和希望。他们可能是那些关心弱势群体的志愿者，也可能是那些培养下一代的教育者。他们的强大并不源于外在的条件，而是来自内心的充实和满足。

每个人都有成为强者的潜力，关键是要发掘和释放自己的潜力。我们可以从强者身上学到坚持不懈、乐观向上的态度，学习他们面对挫折和困难时不气馁的精神。这样，当我们的人生遇到困境时，就可以以强者为榜样，相信自己的能力，坚持努力，最终成为命运眷顾和优待的那个人。

所以，无论我们身处何种境况，都要保持积极的心态，不放弃追求，不放弃努力，坚决成为那个用坚韧和勇气铸就的强者。

第五章
心商：命运的"遥控器"

心商——比智商、情商更重要的是心商

心商，被视为命运的"遥控器"。这一观点强调了个体心理状态对其命运的重要影响。

首先，心商的高低直接决定了人生的苦乐。一个高心商的人通常具备更强的心理韧性，能够更好地应对生活中的挑战和压力。他们更有可能保持积极的心态，从而在逆境中保持乐观和坚强。

其次，心商对人际关系和事业发展也有着显著的影响。高心商的人通常具备良好的人际沟通能力，能够建立和维护健康的人际关系。在工作中，他们也能够更好地应对压力和挑战，保持高效的工作状态，从而在事业上取得更好的成就。

最后，心商的培养对于个体成长和发展也至关重要。通过提高心商，个体能够更好地应对生活中的挑战和压力，增强自我调节能力，从而实现个人目标和梦想。

综上所述，心商作为命运的"遥控器"，对个体的命运起着决定性的作用。通过培养和提高心商，个体能够更好地掌控自己的命运，创造更加美好的人生。因此，关注心商的培养和提高，是每个个体都应该重视的课题。

心商的四力与四功能

这一节以概念为主,主要讲一下心商的四力和四功能。

心商四力,即进取力、承受力、调适力和维持力,是构成心商的四个重要方面。这四种能力相互关联、相互影响,共同决定了人的心理适应能力和生活质量。

(1)进取力,这是一种难以量化却极为关键的内在力量,它驱动着个体在面对挑战与机遇时,毫不犹豫地迈出步伐,向未知领域探索,追求卓越的成就。它并非一种简单的冲动或欲望,而是一种深层次的心理驱动力,根植于个体的内心,影响着他们的思维、行为及成长轨迹。

拥有高进取力的人,如同一位舞者,在生活的舞台上,无论是身处逆境还是顺境,都能以优雅的步伐、坚定的姿态翩翩起舞。当他们面对挑战时,从不畏惧,反而将其视为成长的催化剂,以自信和热情去迎接每一次挑战,并将其转化为前进的动力。

他们敢于挑战自我,勇于尝试新事物,不畏失败,坚信每一次的尝试都是向成功迈进的一步。他们积极拓展自己的能力,不断学习、进步,不断提升自己,以实现更高远的目标。他们的生命之树上,不断有新的枝条长出,绽放出新的花朵,结出新的果实。

进取力不仅推动个体在知识和技能上不断提升，更在精神和情感层面上引领他们不断升华。他们以进取的心态，面对生活中的种种困难，将其视为成长的机会，而非阻碍。他们以积极的心态，影响身边的人，为周围的人带来正能量，共同创造一个更加美好的未来。

（2）承受力，这是一个与我们的日常生活紧密相连，却又常常被我们忽视的重要概念。它是指个体在面对压力、挫折和逆境时，能够保持冷静、坦然应对的心理承受能力。这种能力并不是一蹴而就的，而是需要个体在生活中不断积累、锻炼和提升的。

想象一下，当你面临巨大的压力，或是遭遇突如其来的挫折，你是否能够保持冷静，不被情绪左右？这就是承受力在起作用。具备高承受力的人，能够在逆境中保持内心的平衡与稳定，不被外界的干扰影响。他们懂得如何有效地化解负面情绪，让自己从困境中走出来，重新面对生活。

这样的人在面对困难时，不会轻易放弃，而是积极寻找解决问题的方法。他们明白，只有不断地去尝试、去努力，才能找到克服困难的方法，最终实现自己的目标。他们知道，挫折只是成功路上的一个小小障碍，只有越过它，才能看到更广阔的世界。

承受力是我们应对生活中的困难和挑战的一种关键能力。在现代社会中，人们面临越来越多的压力和挑战，因此，提升自己的承受力显得尤为重要。我们应该学会在逆境中保持冷静、坦然应对，不断提升自己的心理承受能力，以更好地应对生活中的各种挑战。

（3）调适力，这是一种充满智慧与挑战的能力，它描绘了个体在面对环境变化、人际关系波动等情境时，如何灵活调整自己的心态和行为，以便更好地适应新的环境和挑战。它不仅是一种技能,更是一种生活态度和智慧。

当生活的洪流将我们推向新的环境,或是人际关系的涟漪在我们周围荡漾时,调适力就如同指南针,引导我们找到方向,保持稳定。具备高调适力的人,就像优秀的舞者随着音乐的节奏变换步伐,他们能够敏锐地感知外界的变化,并迅速调整自己的心态和行为。

他们不仅能够快速适应新环境和新变化,更能够在这些变化中找到机遇,以应对不同的挑战。他们的心态如同弹簧,无论外界的压力如何,都能迅速恢复到最佳状态。这种能力使他们在不断变化的世界中,始终保持领先。不仅如此,他们还能够灵活地处理复杂的人际关系,如同琴师巧妙地弹奏出和谐的乐章。他们懂得如何与他人和谐相处,如何化解冲突,如何建立和谐的人际关系。这种能力使他们在人际交往中游刃有余,赢得他人的尊重和信任。

(4)维持力,是指个体在面对日常生活中的琐碎和繁重任务时,能够保持稳定的心态和持续的动力,确保日常生活的正常运转。具备高维持力的人能够在平凡的生活中保持积极的心态,有效地管理时间和精力,保证生活和工作的高效运转。他们注重细节和执行力,能够保持良好的生活习惯和自律性。维持力是确保个人生活和事业稳定发展的基础能力。

总而言之,心商四力是一个有机整体,相互关联、相互支持。个体的成长和发展需要全面提升这四种能力,以应对生活中的各种挑战和机遇。通过培养和提高心商四力,人们能够更好地掌控自己的命运,创造更加美好的人生。

再说一下心商四功能，心商具有多种功能，其中包括动力功能、保护功能、调控功能和弹性功能。这些功能共同作用，帮助个体更好地应对生活中的挑战和压力，促进心理和身体健康。

（1）动力功能是指心商能够激发个体内在的积极性和潜力，促使人们追求更高目标并为之努力奋斗。一个高心商的人通常具备强烈的自我驱动力，能够克服困难、迎接挑战，不断拓展自己的能力和成就。

（2）保护功能是指心商能够提供一种心理保护机制，帮助个体应对压力和逆境。在面对挫折和失败时，高心商的人通常能够保持冷静和乐观，积极寻找解决问题的方法。这种保护功能有助于减少心理压力对个体健康的影响。

（3）调控功能是指心商能够帮助个体调节情绪和行为，保持内心的平衡与稳定。高心商的人能够有效地化解负面情绪，避免情绪波动对生活和工作的负面影响。他们能够灵活地调整自己的心态和行为，以适应不同的情境和挑战。

（4）弹性功能是指心商能够帮助个体在面对逆境和压力时保持弹性和适应能力。具备高心商的人在面对挫折和失败时能够快速恢复，调整自己的状态，重新出发。这种弹性功能有助于个体在困难时刻保持乐观和自信，摆脱困境。

综上所述，心商的这四个功能相互关联、相互支持，共同作用以促进个体的心理健康和生活质量的提高。通过培养和提高心商，人们能够更好地应对生活中的挑战和压力，实现自我成长和发展。

心商与心态的紧密关联

　　心商和心态是紧密相关的概念。心商是指维持人们心理健康，保持良好心理状况的能力，它是一种思维模式和心态的综合表现。而心态则是指个体内心对待各种事情的态度和观念，包括积极和消极的心态。积极的心态可以带来健康、成功和财富，是人生成功的基础。消极心态则会导致悲观失望，甚至自取灭亡。

　　心商的培养受到许多因素的影响，包括思维、心态、性格等方面。其中，心态是心商培养的关键因素之一。积极的心态会促进心商的提高，而消极的心态则会阻碍心商的发展。

　　因此，要提高心商，需要培养积极的心态，包括自信、乐观、适应力等方面的能力。积极的心态，可以缓解心理压力，保持心理健康，从而更好地应对生活中的各种挑战和困难。

　　综上所述，心商与心态是紧密相关的概念，心商的高低直接决定了人生过程的苦乐，影响人生命运，而心态则是心商培养的关键因素之一。通过培养积极的心态，可以提高心商，从而更好地应对生活中的各种挑战和困难。

　　我们先随着袁宝庆一起进入咖啡馆，来看看何为心态。

袁宝庆是一位年过花甲的退休人员。他已经度过了一生中的大部分时光，有了一定的经济基础，也有了一个相对宽松富裕的生活。然而，他总感到自己的生活缺少一些激情和活力。于是，他决定开一家小咖啡馆。

咖啡馆开业后，袁宝庆负责咖啡馆的一切，从购买咖啡豆、磨碎、冲泡到做各种咖啡制品。每天早上，他都早早来到咖啡馆，开始准备各种食材，咖啡香气弥漫在咖啡馆内。尽管工作辛苦，但袁宝庆享受着这份咖啡工作带来的乐趣。

咖啡馆逐渐成了当地居民和游客的聚集地。人们常常在这里和朋友聊天，享受浓郁醇厚的咖啡，品尝精心制作的糕点。袁宝庆喜欢观察身边的人，喜欢从顾客的笑脸中感受他们对咖啡和他的咖啡馆的喜爱。

袁宝庆的咖啡馆也成了一个社区活动中心，各种活动都在这里举办。有时，他会组织一场艺术展览，让摄影师、画家和音乐家们在这里展示他们的作品。每当这个时候，咖啡馆里的每一个角落都浸润着艺术的气息，吸引着很多创造和欣赏艺术的人前来观看。

袁宝庆的咖啡馆也是一个知识交流场所。他经常邀请专家学者来咖啡馆举办讲座，让顾客了解各种知识，从文学到科学，从历史到时事。这些讲座不仅丰富了顾客的知识，也增加了他们对袁宝庆的咖啡馆的认同感。

袁宝庆的咖啡馆也是他和顾客互动的地方。他喜欢和每一个顾客交谈，了解他们的故事和生活经历。有时，顾客会给他提一些宝贵的建议，帮助他改进咖啡和服务。这种互动为袁宝庆带来了许多快乐和满足感。

所以，咖啡馆成了袁宝庆生活中重要的一部分。通过开咖啡馆，袁宝庆找到了他一生中一直都在寻找的兴趣和爱好。袁宝庆相信，无论一个人的年龄有多大，总会有一些事物值得他们去追求和热爱。在他的咖啡馆里，他通过自己这份不同的心态，拥有了属于自己的幸福退休生活。

好心态如同明亮的灯塔，照亮前行的道路。在人生的旅途中，我们总会遇到各种各样的困难和挑战，而一个积极的心态能够让我们保持清醒的头脑，看清问题的本质，并找到解决问题的最佳路径。它让我们在面对困境时，不轻易放弃，而是坚信自己有能力克服一切困难。

在与人相处的过程中，难免会遇到摩擦和冲突。而一个平和的心态能够帮助我们冷静应对，以包容和理解的态度去化解矛盾，促进彼此之间的沟通和理解。这样的心态不仅能够让我们赢得他人的尊重和信任，还能够为我们的人际关系增添更多的色彩和温暖。

医学研究表明，积极的心态能够促进身体健康，提高免疫力，让我们更加健康和长寿。一个快乐、积极的心态能够让我们在面对压力和挫折时，保持冷静和乐观，从而减轻心理压力，缓解焦虑和抑郁等负面情绪。

拥有一个好心态对于我们的生活和发展至关重要。它能够让我们在面对挑战时更加从容和坚定，促进我们与他人的和谐相处，维护我们的身心健康，激发我们的创造力和创新精神。因此，我们应该时刻关注自己的心态，学会调整自己的心态，保持积极向上的态度，去迎接生活中的每一个挑战和机遇。

心商——比智商、情商更重要的是心商

心态的改善与心商的提升

网络上有一句很流行的话,"生活虐我千百遍,我待生活如初恋",这句话道尽了我们普通人对生活的无奈。

心态的改善和心商的提升是相互关联的。一个积极的心态可以促进心商的提高,而心商的提高也会带来更积极的心态。

要改善心态,可以采取一些积极的思维方式和行为习惯,例如:

（1）保持乐观的态度,面对困难时能够看到问题背后的机会和挑战；

（2）培养自信心,相信自己有能力应对生活中的各种挑战；

（3）保持开放的心态,愿意接受新的经验和观点；

（4）建立良好的人际关系,与他人保持良好的沟通和合作。

通过这些积极的心态和行为习惯,人们可以逐渐提高自己的心商。心商的提升可以带来更好的心理健康和适应能力,使人们更好地应对生活中的挑战和困难。

此外,心商的提升也可以带来更积极的心态。当一个人在面对挑战和困难时能够保持冷静和自信,积极应对,那么他的心态自然会变得更加积极。这种积极的心态可以进一步促进心商的提高,形成一个良性的循环。

总之,心态的改善和心商的提升是相互关联的,通过培养积极的心态和行为习惯，可以提高心商，使人们更好地应对生活中的挑战和困难。

每个人都在生活这个战场上披荆斩棘、全力战斗。有时候，生活会虐待我们，让我们感到痛苦和无助，但是我们选择用一种对待初恋的心态去对待生活，保持对生活的热爱和坚持。

我们曾经为了一份工作付出了很多努力，但最终以失败告终；我们曾经为了一段感情付出了全部的真心，但最终以伤痕累累收场。生活的种种打击让我们感到痛苦和失望，但我们没有放弃，而是选择了坚持和勇敢。

我们待生活如初恋，就像少年对待初恋一样，充满了憧憬和热情。我们相信生活是美好的，只要我们用心去感受和体验，每一天都是新的开始，每一天都有无限的可能。我们不再抱怨生活的不公，而是积极面对生活的挑战，用一颗感恩的心去对待每一次机会和挑战。

生活虐我们千百遍，但我们从不放弃。我们相信，每一次的失败都是一次宝贵的经验，每一次的挫折都是一次成长的机会。我们学会了从失败中汲取教训，从挫折中寻找力量。我们不再畏惧生活的困难和挑战，而是勇敢地面对，用一颗坚定的心去追求自己的梦想。

在这个过程中，我们相信，只要坚持不懈地努力，就一定能实现自己的目标和梦想。我们相信，每一次的努力都会有回报，每一次的付出都会有收获。我们相信，生活会给予我们美好的未来，只要我们用一种对待初恋的心态去对待。

的确，人生的旅程就像一艘船在汹涌的海浪中航行，充满了起伏和挑战。生活不会一帆风顺，我们会遇到各种各样的困难和挫折。然而，正是这些困难和挫折，塑造了我们的性格，让我们变得更加坚强和成熟。

每个人都有自己的目标和梦想，但实现梦想并不容易。我们会遇到各种各样的障碍，如缺乏资源、竞争激烈、失败和挫折等。然而，这些困难并不意味着我们应该放弃。相反，我们应该学会从失败中汲取教训，不断调整自己的方向和策略，坚持不懈地追求自己的梦想。

生活中还会有各种各样的挑战，如家庭问题、工作压力、人际关系等。这些挑战可能会让我们感到沮丧和无助，但我们不能被它们击倒。相反，我们应该学会面对挑战，寻找解决问题的方法。有时候，我们需要改变自己的态度和观念；有时候，我们需要寻求他人的帮助和支持。但无论遇到什么样的困难，我们都应该相信自己的能力并坚持下去。

生活不会一帆风顺，但正是这些困难和挫折，让我们变得更加坚强和成熟。它们教会我们如何面对困难，如何从失败中学习，如何适应变化。它们让我们明白，成功不是一蹴而就的，而是需要付出努力并坚持不懈地去追求。

在面对困难和挫折时，我们要保持积极的心态。我们要相信自己的能力，相信自己可以克服困难，实现自己的目标。我们要学会从失败中汲取教训，不断调整自己的方向和策略。我们要寻求他人的帮助和支持，共同面对困难，共同追求成功。

第六章
心商与为人处世：深度影响与实践

心商——比智商、情商更重要的是心商

心商和为人处世的重要性在于塑造一个人的品格和情商，影响其与他人的关系和与社会的互动。心商包括个人的情绪管理、人际关系处理能力和自我认知能力，这些因素直接影响一个人的情感智慧和决策能力。而为人处世则强调个人的道德准则、价值观和行为规范，涉及与他人的沟通、合作和冲突解决等方面。

本章具体讲一下心商的四个维度，先来看看自我管理、社交技能、同理心、创新思维这四个维度的概念。

（1）自我管理：指个体对自己情绪和行为的管理能力，包括情绪调节、自我激励、目标设定等。自我管理能力强的人能够有效地控制自己的情绪，保持积极的心态，并能够设定明确的目标并努力实现。

（2）社交技能：指个体在与他人交往中的表达和沟通能力，包括说服力、合作能力、冲突管理等。社交技巧高的人能够有效地与他人合作、解决冲突，并能够以积极的方式影响他人。

（3）同理心：指个体对他人情绪和需求的觉察和理解能力，包括共情能力、人际交往能力等。同理心强的人能够敏锐地察觉到他人的情绪和需求，并能与他人建立良好的人际关系。

（4）创新思维：是指一种能够产生新观点、新想法和新解决方案的思维方式。它强调对问题的重新定义和重新思考，超越传统的思维模式和固有观念，寻找新的途径和方法。

在了解了这四个维度的概念之后，我们再逐一对它们进行具体阐述。

自我管理：心商的内在力量

在聊"自我管理"之前，我们先来看这样一个场景案例。

在一个工作日的早晨，姜维穿过街道，来到他新开的咖啡馆。他戴着一副黑框眼镜，穿着整洁而时尚的西装。咖啡馆里弥漫着咖啡的香气，舒缓的音乐轻轻地飘荡在屋中。

姜维在吧台前停下脚步，先轻轻地擦拭完每一个杯子，再仔细检查每一种咖啡豆的质量，并将它们装进标记清晰的罐子里，以确保每一位客人喝到完美的咖啡。

一位客人走进咖啡馆，姜维及时看到了他，微笑着迎接他坐下。姜维优雅地整理好笔记本和文件，准备记录客人所要咖啡的热度、口感和喜好，以向他提供最佳的喝咖啡体验。

一旁的员工们看着姜维，都对他的自我管理能力赞叹不已。他们看到他时刻保持着良好的形象，从不懒散或马虎。无论是在记录订单、备餐或与客人交流时，他都以高效而专注的态度完成每一项任务。

咖啡馆里的每一样东西都井然有序。姜维习惯将每种原料、调料和设备都放置在规定的位置上，以确保工作流程的高效和顺畅。他确保咖啡馆始终保持清洁，并在忙碌时仍能保持干净和有条不紊。

姜维的自我管理能力不仅体现在工作上，个人生活方面他也力争做到极致。他每天都会起早锻炼，以保持身体健康和精力充沛，每晚都会为第二天提前做好计划。

这样的自我管理能力使姜维在职场上很快脱颖而出，成为咖啡馆的核心人物。他的团队成员也从他身上学到了许多，他们对他的领导力和专业素养充满了钦佩。就这样，姜维通过努力和自我管理，让自己成了别人敬佩和仰慕的榜样。

由此可见，自我管理是指个人对自己的情绪、时间、能力和行为进行有效管理和调控的能力。在工作和生活中，自我管理有着重要的作用和意义。

（1）自我管理有助于提高工作效率

通过自我管理，人们能够合理安排时间和任务，避免拖延和浪费时间，从而更好地集中精力和注意力，提高工作效率。

（2）自我管理有助于提升工作质量

通过自我管理，人们能够合理规划和安排时间，从而更好地分配工作任务，避免任务堆积和压力过大，从而提高工作质量。同时，自我管理还能帮助人们更好地掌控自己的情绪，避免情绪波动对工作质量产生负面影响，确保始终保持专注和高效的工作状态。

（3）自我管理有助于提升个人的职业发展

通过自我管理，人们能够更好地规划和管理自己的时间和能力，提高工作效率和质量，从而更好地完成工作任务，获得更多的认可和晋升机会。同时，自我管理还能够帮助人们更好地掌控自己的情绪，处理工作中的压力和挑战，让人始终保持积极心态，为个人的职业发展创造良好条件。

（4）自我管理在工作和生活中具有重要的作用和意义

自我管理能够提高工作效率和质量，促进个人职业发展，同时能帮助人们更好地处理工作中的压力和情绪，让人拥有良好的心态和人际关系。因此，我们应该重视自我管理，不断提升自我管理能力，以更好地适应和应对工作与生活中的各种挑战和变化。

自我管理中的情绪管理尤为重要，情绪是人内心的一种反应，它可以是喜悦、愤怒、悲伤、焦虑等。情绪管理对于个人的生活和工作有着重要的影响，一个人是否能够有效地管理自己的情绪，直接关系到他的幸福感和成功程度。

（1）情绪管理对于个人的幸福感至关重要

当我们能够积极地管理自己的情绪时，我们会更加乐观、自信和满足，能够更好地应对生活中的挑战和困难，从而减少压力和焦虑。相反，如果我们无法有效地管理自己的情绪，那么我们可能会陷入消极的情绪中，导致情绪低落、自卑和不满足。这些消极的情绪会影响我们的生活质量，使我们感到痛苦和不快乐。

（2）情绪管理对个人的人际关系有重要影响

当我们能够控制自己的情绪时，我们会更加理性和冷静地处理与他人之间的关系。我们能够更好地与他人进行沟通和合作，避免因情绪失控而引发冲突和争吵。此外，情绪管理还能帮助我们更好地理解他人的情感和需求，增进彼此之间的理解和信任。相反，如果我们情绪失控，可能会因为情绪冲动而伤害他人，破坏人际关系，甚至失去重要的朋友和爱人。

（3）情绪管理对个人的工作和职业发展有重要影响

当我们能够有效地管理自己的情绪时，便能够更好地应对工作中的压力和挑战。我们能够更加专注和高效地完成工作任务，提高工作质量和效率。此外，情绪管理还能帮助我们更好地与同事和上司合作，建立良好的工作关系，提升职业发展的机会。相反，如果我们情绪失控，可能会因为情绪干扰而影响工作表现，甚至失去工作机会。

综上所述，情绪管理对于个人的生活和工作都有着重要影响。一个能够有效地管理自己情绪的人，会更加幸福、成功、平和地生活。因此，我们应该重视情绪管理，学会控制自己的情绪，以提升自己的生活质量和工作表现。

如果一个人不懂得管理自己的情绪，那势必会给自己带来无尽的麻烦，甚至是失败。比如下面这个案例，就是因为主人公不懂得管理自己的情绪，从而断送了自己的职业生涯。

徐宇致是一家公司的销售经理，他的工作职责是负责团队的销售业绩和管理团队成员。然而，由于徐宇致不懂得情绪管理，导致其在工作中经常出现情绪波动大、情绪失控的情况。

（1）徐宇致在工作中经常会因为一些小事而情绪失控。例如，当他的团队成员没有达到预期的销售目标时，他会立即发火，责备团队成员，并且在团队成员面前大声批评他们。他的这种情绪失控不仅让团队成员感到沮丧和压力，也影响了团队的合作氛围和工作效率。

（2）徐宇致在与上级和同事的沟通中也经常出现情绪失控的情况。当他与上级或同事有意见发生分歧时，他会情绪激动、大声争吵，有时甚至会失去理智辱骂对方。他的这种情绪失控不仅破坏了工作关系，也让他失去了与他人合作的机会。

（3）徐宇致在面对工作压力时没有有效地进行情绪管理。当他面临工作压力时，他会变得焦虑和紧张，无法有效地应对问题，也找不到解决问题的方法。他的这种情绪失控的状态影响了他的决策能力和工作效率，导致他在工作中频繁出错。

徐宇致的情绪失控问题严重影响了他的工作表现和职业发展。他的团队成员对他失去了信任和尊重，上级对他的评价也越来越低。最终，徐宇致被公司解雇，他的职业生涯也因此受到了重大影响。

这个案例告诉我们，情绪管理对于个人的成功和职业发展非常重要。如果不懂得情绪管理，情绪失控会给工作和人际关系带来严重的负面影响，甚至会毁掉自己的事业和职业生涯。因此，我们应该学会有效管理自己的情绪，提高情绪管理能力，以更好地应对工作和生活中的挑战。

不懂得情绪管理等于给自己的人生上了一道枷锁，让自己的生活和职业生涯变得坎坷。那么，一个懂得情绪管理的人，又会在生活和职场上获得哪些成功呢？

我们来看一个因为懂得情绪管理而获得成功的案例。

林杰是一位企业家，他的公司刚创办不久。在公司刚起步的时候，他面临巨大的压力和挑战，因为他每天都需要处理各种问题，包括财务管理、人员招聘和市场推广等方面。这些问题把他搞得焦头烂额，时常让他感到焦虑和沮丧。

后来，林杰认识到情绪管理对于事业的重要性，于是他就开始学习如何管理自己的情绪，并将这些技巧应用到自己的工作中。

首先，林杰学会了认识自己的情绪。他开始观察自己在不同情况下的情绪反应，并尝试分析这些情绪背后的原因。他意识到，他的焦虑和沮丧往往是因为他对问题的过度关注和担忧所致。

其次，林杰学会了控制自己的情绪。他学会了通过深呼吸和冥想来放松自己，并将注意力转移到积极的方面。当他感到压力和焦虑时，他会给自己一些时间冷静下来，并积极寻找解决问题的方法。

最后，林杰还学会了积极应对挑战和困难。他意识到，情绪管理不仅是控制自己的情绪，还包括积极面对问题并寻找解决的方案。于是，他开始寻求支持和建议，并尝试与团队成员共同解决问题。

通过这些情绪管理技巧，林杰成功地战胜了公司遭遇的困难和挑战，逐渐取得了成功。他的公司逐渐发展壮大，取得了良好的业绩，林杰也变得更加自信和乐观。而这一切，都要归功于他不断提升的情绪管理能力，情绪管理不仅对他个人的成功有所帮助，对整个团队的发展也起到了积极的推动作用。

学会情绪管理可以帮助我们更好地应对压力和挫折，提高自己的情绪稳定性和适应能力。以下是情绪管理对成功的影响。

（1）提高决策能力：情绪管理可以帮助我们保持冷静和理性，避免冲动的决策。这样可以更好地分析问题，做出明智的决策，从而提高成功的可能性。

（2）增强人际关系：情绪管理可以帮助我们更好地与他人相处，提高沟通和协调能力。良好的人际关系对于成功至关重要，可以帮助我们建立合作伙伴关系，获取资源和支持。

（3）提高创造力和创新能力：情绪管理可以帮助我们更好地应对挑战和困难，激发内在的动力和创造力。情绪稳定的人更容易保持专注和积极的心态，从而更有可能产生创新的想法和解决问题的能力。

（4）增强逆境应对能力：情绪管理可以帮助我们更好地应对失败和挫折，保持积极的心态和坚忍的意志。挫折是成功路上常见的挑战，情绪稳定的人更能从失败中汲取教训，从而迅速恢复并继续前进。

（5）提高工作效率：情绪管理可以帮助我们更好地管理时间和精力，提高工作效率。情绪稳定的人更能集中注意力，保持高效的工作状态，从而更有可能取得成功。

因此，学会情绪管理可以帮助我们更好地应对各种负面情绪和压力，提高自己的情绪智力和适应能力，从而获得更多的成功机会。

社交技能：心商的展现

社交技能是指在社交场合中与他人有效地交流、建立关系和处理人际关系的能力。我们也可以列举一个很常见的场景。

在一个热闹的咖啡厅，灯光明亮，音乐欢快。人们穿着时尚的服装，戴着华丽的首饰，在这个场景中，有一个人展现出了强大的社交能力。

他站在咖啡厅的中央，微笑着和每个人交谈。他用一种轻松自如的姿态，吸引了周围人的注意。他似乎是那里的常客，因为每个人都主动和他打招呼。

他的目光总能准确地捕捉到人们暗示的意思，并能够灵活应对每个人的话题。他聪明地说着幽默的笑话，让人们哈哈大笑。他回答问题时，目光坚定、言辞犀利，让人不敢有丝毫质疑。

人们被他的个人魅力吸引，纷纷围绕在他身旁，希望能够聆听他的故事和见解。他与每个人交谈时都目光专注，用心倾听，让每个人在与他的交流中都感到被尊重。

此外，他还能够轻松地组织聚会，邀请每个人参与其中。他将人们联系在一起，创造了一个友好、活跃的社交圈子。他知道如何发掘人们的共同爱好，并创造机会让人彼此互动。

除了善于言谈，他的社交能力还体现在他善于解决冲突和平息争执中。当大家出现意见不合时，他能够积极又冷静地从中调解，通过沟通将矛盾点转化为共同点。

在这个场景中，他展现出了一种难以言喻的自信和魅力。无论与谁交谈，他都能展现出最好的一面，让每个人都感受到他的包容和关怀。

这个场景突出了他在社交方面的出色表现，让他成为整个咖啡厅大家都羡慕的人物，人们渴望与他交流，渴望与他建立更深层次的友谊与联系。

在现代社会中，社交技能对个人的发展和成功至关重要。无论是在职场上还是在日常生活中，良好的社交技能都可以帮助我们更好地与他人合作、沟通和解决问题。下面将从几个方面探讨社交技能的重要性和如何提升它们。

（1）社交技能对于建立人际关系至关重要

无论是在职场上还是在日常生活中，我们都需要与他人建立良好的关系。良好的人际关系可以帮助我们获得更多的机会和资源，提高工作效率和生活质量。而社交技能可以帮助我们与他人建立联系、建立信任和共享共同利益。例如，通过主动与同事交流、参加社交活动和展示自己的专业知识，我们可以建立起良好的工作关系，获得更多的合作和晋升机会。

（2）社交技能对于有效沟通至关重要

沟通是人际交往的基础，而良好的沟通可以帮助我们更好地理解他人的需求和意图，减少误解和冲突。社交技能可以帮助我们学会倾听、表达和解释自己的观点，以及适应不同的沟通方式和风格。通过提升社交技能，我们可以更好地与他人沟通，建立良好的合作关系，提升解决问题的能力。

（3）社交技能对于解决冲突和处理人际关系非常重要

在人际交往中，难免会遇到冲突等问题。良好的社交技能可以帮助我们更好地处理这些问题，避免冲突升级和关系破裂。例如，通过学会控制情绪、倾听他人的意见和寻求共同解决方案，我们可以更好地解决冲突，维护良好的人际关系。

那么，如何提升社交技能呢？

首先，我们可以通过积极参与社交活动来锻炼自己的社交技能。参加各种社交聚会、社交活动，参与团队合作，可以帮助我们与不同的人进行交流和合作，提高自己的社交能力。其次，我们可以通过学习和模仿他人的社交技巧来提升自己的社交能力。观察那些在社交场合表现出色的人，学习他们的沟通方式、表达技巧和人际交往技巧。最后，我们可以通过不断反思和总结自己的社交经验来提升社交技能。在每次社交交流后，我们可以回顾自己的表现，思考自己的不足之处的改进方法，并设定改进目标。

社交技能在现代社会中非常重要。良好的社交技能可以帮助我们建立良好的人际关系和与别人进行有效沟通，稳妥地处理人际关系问题。通过积极参与社交活动、学习他人的社交技巧和总结自己的社交经验，我们可以不断提升自己的社交技能，为个人的发展和成功打下坚实基础。

人际关系是我们生活中不可或缺的一部分。无论是在工作还是在生活中，我们都需要与他人建立良好关系。然而，有些人却倾向于与他人保持距离，甚至故意制造敌对关系。

然而，笔者坚信"多交一个朋友，比多树一个敌人更好"。多交一个朋友可以带来更多的机会和资源。朋友之间的互助合作可以帮助大家共同成长。当我们面临困难时，朋友会给予我们支持和鼓励，而敌人则会给我们带来阻碍和困扰。我们可以与朋友互相帮助，彼此分享经验和知识，共同实现更大的目标。

与朋友交往可以让我们学会倾听和沟通。通过与不同背景和观点的朋友交流，可以拓宽我们的视野，增加我们对世界的理解。而与敌人相处，我们往往会陷入争吵和冲突，无法真正提升自己。

朋友之间的互动可以让我们感受到温暖和关爱。与朋友一起分享快乐和悲伤，可以减轻生活压力，增添生活乐趣。而与敌人相处，我们往往会感到痛苦和不安，无法真正享受生活的美好。

多交朋友可以建立良好的人际关系网络。人际关系网络可以为我们提供更多的机会和资源。通过朋友的介绍和推荐，我们可以认识更多的人，拓宽自己的人脉。而敌人则会给我们的人际关系带来负面影响，限制我们的发展。

所以，良好的社交技能能够让我们拥有更多的有效社交。与朋友建立良好的关系可以为我们带来更多的机会和资源，提升我们的社交能力，让我们更加快乐和幸福。因此，我们应该积极主动地与他人交往，多交朋友，而不是制造敌对关系。只有这样，我们才能真正实现个人的成长。

提升社交能力是一个可以通过不断练习和努力来实现的过程。以下是一些可以提升自己社交能力的建议。

（1）培养自信：自信是社交的基础。相信自己的价值和能力，不要害怕与他人交流，也不要害怕表达自己的观点。

（2）学会倾听：倾听是良好社交的关键。尊重他人的意见和感受，积极倾听他人的故事和经历。

（3）练习表达：学会清晰地表达自己的想法和感受。练习在不同场合下进行自我介绍和演讲，提高自己的口头表达能力。

（4）培养兴趣爱好：参加一些兴趣小组或社团，结识志同道合的人。共同的兴趣爱好可以成为交流的话题，帮助你更容易地与他人建立联系。

（5）主动交流：不要害怕主动与他人交流。可以主动与陌生人打招呼，参加社交活动，或者加入一些社交网络。

（6）学会观察和理解他人：观察他人的非语言表达，如面部表情、姿势和眼神等，以更好地理解他人的感受和意图。

（7）培养友善和尊重他人的态度：友善和尊重是建立良好社交关系的基础。对他人保持友善和尊重，不要批评或嘲笑他人。

（8）接受挑战：尝试去一些新的社交场合，跳出自己的舒适区，这样可以帮助自己适应不同的社交环境，并提高自己的社交能力。

（9）练习解决冲突：学会处理不同意见和冲突。尽量保持冷静和理性，寻找解决问题的方法，避免争吵和冲突。

（10）持续学习和改进：社交能力是一个不断学习和改进的过程。通过阅读相关书籍、参加培训课程或寻求专业指导，不断提升自己的社交能力。

记住，提升社交能力需要时间和努力。坚持练习和积极参与社交活动，你的社交能力将会逐渐提升。不要害怕犯错或失败，每一次的经历都是一次学习的机会。

同理心：心商的情感链接

同理心是指能够理解和感受他人情感、体验和观点的能力。它是一种情感和认知的共情能力，使个体能够从他人的角度去感受和理解他人的情感与经历。同理心能够让人与他人建立情感联系，增进彼此之间的理解并产生共鸣。同理心不仅是理解他人的感受,还包括对他人的尊重、关心和关注。它是人际关系和社会交往中非常重要的一种能力,有助于建立互信和共情的关系。

比如,在下面这个场景中,我们能够更具体地看到"同理心"与共情能力的体现。

阳光明媚的早晨,刘瑞欣坐在公园的长椅上,看着身旁的一位年迈老人在艰难地挪动着步子。老人弯腰驼背,眼神中透露出疲惫和无奈,看起来似乎充满了痛苦和孤独。

刘瑞欣心生一股同理心,也许是他小时候和外公相处的美好回忆,也许是他在生活中见证过长辈的衰老。他站起身来,轻轻地走到老人身边,微笑着问道:"您需要帮忙吗?"

老人微微愣了一下,便很快展现出温和的笑容,他点点头表示感激。刘瑞欣获得回应后,便轻轻扶住老人的手臂,帮助他踏出下一步。他们缓慢地从公园小道上走过,刘瑞欣不时询问老人是否需要休息,以及有没有其他需要。

在路上,刘瑞欣主动与老人交谈起来。老人向他诉说了自己年轻时的故事,还聊起了自己的孩子,老人的话语中充满了对生活的感恩和对家人的眷恋。刘瑞欣温柔地提醒老人注意脚下不平坦的路面,将他的关心和关注传递给老人。

途中,刘瑞欣发现老人似乎迷路了。他心生一念,决定多陪老人走一段路到达目的地,并向老人指明了正确的方向。他了解到原来老人是要前往医院复诊,但由于记忆力减退,迷失了方向。

最终，刘瑞欣陪着老人来到了医院。他帮老人找到座位，询问是否需要帮忙办理挂号手续。老人感激地看着刘瑞欣，老人感受到了他的善意和关怀，也感受到了那种无私的同理心。

这个场景展现出了刘瑞欣的同理心。在特定的时刻，刘瑞欣不仅通过行动表达了自己的同理心，尽力帮助老人摆脱困扰，还通过细致的关怀和耐心的倾听，让老人感受到了真正的关心和温暖。这一幕让人感动，也让人深思人与人之间所拥有的共情能力的重要性。

在现实生活中，同理心的表现形式可以包括以下几个方面。

（1）倾听和关注：表现为对他人的关注和倾听，愿意倾听他人的感受、需求和困扰，关心他人的情绪和心理状态。

（2）理解和体谅：表现为对他人的情感和处境的理解和体谅，能够设身处地地想象自己处于同样情况下的感受和反应。

（3）支持和帮助：表现为愿意提供支持和帮助，愿意帮助他人解决问题、缓解困扰，或者提供情感上的支持和鼓励。

（4）接纳和尊重：表现为接纳他人的不同观点、经历和感受，尊重他人的个体差异和独特性，不轻易对他人进行评判和批评。

（5）同情和怜悯：表现为对他人遭遇困难或不幸时的同情和怜悯，能够感同身受地体验他人的痛苦和苦难。

（6）善意和友善：表现为对他人的善意和友善，愿意主动与他人建立联系和互动，积极传递正能量和友善的态度。

（7）共情和共鸣：表现为能够与他人建立情感上的共鸣和共情，能够感受到他人的情绪和情感，并作出相应的反应。

这些表现形式可以在日常生活的各种场景中体现出来，无论是与家人、朋友、同事还是与陌生人的交往中，都可以通过展现同理心来建立更加良好的人际关系。

在这个竞争激烈的社会中，一个人拥有同理心是取得成功的关键。它不仅能够帮助我们建立良好的人际关系，还能够提高我们的领导力和创造力。

同理心有助于建立良好的人际关系。在工作和生活中，我们经常需要与他人合作和交流，如果我们能理解他人的感受和需求，就能够更好地与他人进行沟通和合作。

同理心能够帮助我们更好地倾听他人的意见和建议，从而建立起互信和合作的关系。而没有同理心的人往往会被认为是自私和冷漠的，这样就很难与他人建立良好的关系，从而影响到我们的成功。

同理心能够提高我们的领导能力。作为一名领导者，要能够理解和关心员工的感受和需求。只有当我们能够站在他们的角度去思考问题时，才能更好地指导和激励他们。同理心能够帮助我们更好地理解员工的困难和挑战，从而为他们提供更好的解决方案和支持。一个没有同理心的领导者，往往会被员工认为是冷酷和无情的，这样就很难得到员工的支持和配合，从而影响到我们的领导能力和团队的成功。

同理心能够提高我们的创造力。同理心能够帮助我们更好地理解他人的需求和问题，从而更好地提供解决问题的方案和创新的思路。只有我们能够站在他人的角度上去思考问题，才能找到更好的解决方案。

综上所述，一个人拥有同理心才能更好地获得成功。同理心能够帮助我们建立良好的人际关系，提高我们的领导能力和创造力。在这个充满竞争的社会中，拥有同理心的人往往更容易获得成功。因此，我们应该努力培养和提高自己的同理心，从而更好地助力自己成功。

王梓玺是一名年轻企业家，他创办了一家公司。在公司创建初期，他非常专注于企业的业务发展和利润增长，很少考虑员工的需求和感受。他经常对员工的工作进行严格的监督和指导，很少对他们进行表扬和鼓励。

然而，随着公司的逐渐发展壮大，王梓玺慢慢意识到自己的管理方式可能有点问题，于是他开始反思自己的行为，并决定改变自己的管理风格。他参加了一些情绪管理、心理培训方面的课程，学习了同理心的重要性，并决定将其应用到自己的管理工作中。

王梓玺开始更加关注员工的需求和感受。他定期与员工进行沟通，了解他们的工作情况和困难，并提供支持和帮助。此外，他还给予员工更多的表扬和鼓励，让他们感受到自己的价值和重要性。

比如，一位年轻的员工小李因为最近工作压力大，情绪低落，工作效率也受到了影响。王梓玺注意到这一情况后，决定主动找小李沟通。

王梓玺首先安排了一个安静的会议室，确保谈话环境舒适且私密。他等小李坐下后，以亲切的语气问小李："小李，我注意到你最近似乎有些不同，是不是遇到了什么困难或者有什么烦恼？"

小李听了王梓玺的话，眼眶微红，开始倾诉自己的压力和困惑。王梓玺耐心地倾听着，不时点头表示理解，并不时地插入一些鼓励的话语，如"我明白你的感受""这确实是个挑战"等。

第六章　心商与为人处世：深度影响与实践

在听完小李的倾诉后，王梓玺没有直接给出解决方案，而是进一步询问小李对于问题的看法以及他自己的想法。王梓玺说："我相信你有能力解决这个问题，只是现在可能需要一些支持和帮助。你觉得自己需要哪些方面的帮助呢？"

小李听了王梓玺的话，感受到了他的信任和支持，也开始积极思考解决问题的方法。他提出了一些自己的想法和建议，王梓玺则在一旁给予积极的反馈。

最后，王梓玺表示会尽力协助小李克服困难，并提供一些实际的帮助和资源。他鼓励小李要相信自己，勇敢面对挑战，并承诺会持续关注小李的工作进展和情绪状态。

通过这次沟通，小李感受到了王梓玺的关心和支持，也重新找回了工作的信心和动力。而王梓玺则通过运用同理心，成功地帮助员工解决了问题，增强了团队的凝聚力和向心力。

像这样的事，在王梓玺的公司常有发生。

随着时间的推移，王梓玺发现员工的工作积极性和团队合作能力有了明显的提高。员工们更加愿意为公司付出努力，并且对公司的发展充满了信心；公司的业绩开始逐渐提升，客户满意度也有了显著的提高。

创新思维：心商的驱动力量

心商的最后一个维度就是创新思维。创新思维是指一种能够产生新观点、新想法和新解决方案的思维方式。创新思维注重跨学科融合和多元化思考，鼓励尝试新的方法和不同的观点，以寻找创新机会和解决方案。创新思维是推动社会进步和经济发展的重要因素，对于个人和组织来说具有重要意义。

在当今竞争激烈的社会中，创新思维成了人们获得成功的关键。创新思维不仅指科技领域的创新，也包括各个领域的创新，如商业、教育、艺术等。创新思维的重要性在于它能够帮助人们适应不断变化的环境，找到新的机会，并在竞争中脱颖而出。

创新思维能够帮助我们发现新的机会。在一个充满竞争的市场中，只有不断寻找新的机会，才能在激烈的竞争中脱颖而出。创新思维能够帮助我们看到别人忽视的机会，找到别人没有发现的市场空白。通过创新思维，我们能够提供独特的产品或服务，满足人们的需求，从而获得成功。

创新思维能够帮助我们找到新的解决方案。在面对问题或挑战时，传统的思维方式可能已经无法解决；而创新思维能够帮助我们从不同角度思考问题，获得新的解决方案。创新思维能够激发我们的创造力和想象力，使我们能够超越传统的思维模式，获得更加有效的和创造性的解决方案。

创新思维能够帮助我们创造新的价值。创新思维能够帮助我们发现新的需求和市场，从而创造新的价值。通过创新思维，我们能够提供更好的产品或服务，满足人们的需求，进而创造更多价值。创新思维能够帮助我们不断改进和创新，使我们的产品或服务与众不同，从而赢得市场份额和客户认可。

在这里讲述一个通过创新思维获得职场成功的案例——埃隆·里夫·马斯克（Elon Reeve Musk）和他所创建的商业帝国。

埃隆·里夫·马斯克是一位企业家和工程师，他创办了多家成功的科技公司，包括特斯拉公司、SpaceX 太空探索技术公司和 SolarCity 太阳能公司。他的成功可以归功于他对创新思维的运用。

在特斯拉汽车方面，马斯克采用了与传统汽车行业经营理念不同的创新思维方式来经营。一方面，他将电动汽车与高性能、豪华和可持续发展相结合，推动了电动汽车的普及；另一方面，他通过建立超级充电站网络和推动自动驾驶技术的发展，进一步改变了汽车行业的格局。

在 SpaceX 方面，马斯克的创新思维使私人太空探索成为可能。他致力于降低太空探索的成本，并提出了可重复使用的火箭技术。这种创新的思维方式使 SpaceX 成为首家成功地将火箭回收并再次使用的公司，大大降低了太空探索的成本，推动了太空探索的发展。

通过创新思维，马斯克能够看到问题的本质，并提出独特的解决方案，不仅在事业上取得了巨大成功，还对其他行业产生了深远的影响。

运用创新思维虽然可以使人获得巨大的成功，但拥有它并不是一件一蹴而就的事情，而是需要培养和发展。首先，我们需要保持开放的心态，接受新的想法和观点。我们应该不断学习和探索，与不同领域的人交流，从中获取新的灵感和思维方式。其次，我们需要培养创造力和想象力。可以通过阅读、旅行、参观展览等方式来激发自己的创造力和想象力。最后，我们需要勇于尝试和接受失败。创新思维需要勇气和冒险精神，因此，我们要敢于尝试新的想法和方法，并学会从失败中汲取教训，不断改进和创新方法。

创新思维是我们获得成功的关键。它能够帮助我们发现新的机会，找到新的解决方案，并创造新的价值。通过培养和发展创新思维，我们能够在竞争激烈的社会中脱颖而出，实现个人和组织的成功。

第七章
心商与生活的快乐之道

心商——比智商、情商更重要的是心商

　　心商与生活的快乐之道是密切相关的。心商是指个体在面对生活中的挑战和困难时，保持积极心态和良好心理状况的能力。而生活的快乐之道则是指通过积极的心态和行为习惯，享受生活中的快乐和美好。

　　一个人如果具有较高的心商，他就能够更好地应对生活中的挫折和困难，保持积极的心态，从而更容易获得生活的快乐。例如，当一个人面临工作压力或家庭问题时，如果他能够积极应对，调整自己的心态，从中寻找积极的一面，那么他就会更加快乐和满足。

　　要提高心商并获得生活的快乐之道，需要培养积极的心态和行为习惯。例如，保持乐观的态度，学会感恩和珍惜生活中的美好时刻，以及与他人建立良好的人际关系。同时，还要学会面对挑战和困难时保持冷静和自信，积极应对问题并从中汲取经验和教训。

探寻人生的快乐时刻

我们先来看一下人生中的快乐时刻，这些时刻因个人的经历、价值观和期望而异。以下是一些常见的快乐时刻。

（1）成就时刻：当我们完成一项任务时，会感到有成就感和满足感。这可以是学习、工作、运动或其他任何方面取得的成就。

（2）与亲友共度的时光：与亲朋好友共度时光是许多人都感到快乐的时刻。这可以是家庭聚会、朋友聚餐、旅行或其他形式的聚会。

（3）爱情的甜蜜：恋爱中的甜蜜时刻也是人生中的快乐时刻之一。这包括初次相遇、约会、求婚、结婚等重要的人生时刻，以及日常生活中的一些小细节，如与伴侣一起看电影、共进晚餐等。

（4）创造与表达：当我们创造出某些东西，如艺术品、音乐作品、文学作品、科技产品等，或者通过表达自己的想法和情感来获得认可和共鸣时，会感到快乐和满足。

（5）放松与享受：有时候，简单的放松和享受也是快乐的时刻。这可以是一次舒适的按摩、一次长时间的泡澡、一次美食之旅或其他形式的放松和享受。

（6）挑战与突破：当我们面对挑战并战胜它们时，会感到一种特殊的快乐和成就感。这可以是一次高难度的考试、一次冒险的旅行、一次挑战性的运动等。

需要注意的是，每个人的快乐时刻都是独特的，因此以上列举的只是一些常见的例子。对于每个人来说，找到自己的快乐时刻并珍惜它们是非常重要的。

快乐是每个人都渴望的，但并不是每个人都能在生活中找到它。

高心商的人往往能够积极面对困境，保持乐观心态，从而在人生的道路上更容易找到快乐的时刻。以下将从几个方面详细阐述心商如何助力我们探寻人生的快乐时刻。

（1）心商高的人往往拥有积极的心态，他们能够更多地看到问题的积极面，从而在面对困境时保持乐观。这种积极的心态有助于他们更好地应对生活中的挑战，减少负面情绪的影响。当人们在面对困难时能够保持积极的心态，他们就更有可能找到解决问题的方法，从而获得成功和满足感，进而体验到快乐。

（2）心商高的人具备较强的适应能力，他们能够在不同的环境和情境中迅速调整自己的心态和行为。这种适应能力有助于他们更好地应对生活中的变化，从而减少因环境变化而带来的心理压力。当他们能够适应生活中的各种变化时，就更容易保持心理平衡，从而在变化中找到快乐的时刻。

（3）心商高的人在情绪管理方面通常表现得较为出色。他们能够有效地管理自己的情绪，避免被负面情绪主导。这种情绪管理能力有助于他们在面对挫折和困难时保持冷静和理智，从而更好地应对问题。当人们能够有效地管理自己的情绪时,他们就更容易在困境中找到出路,从而体验到成功的喜悦和快乐。

(4)心商高的人在人际交往方面通常表现得较为出色。他们善于与他人建立良好的关系,能够在人际交往中保持真诚和善意。这种优化的人际关系有助于他们在生活中获得更多的支持和帮助,从而减少因人际关系问题而带来的心理压力。当他们拥有良好的人际关系时,他们就更容易在人际交往中找到快乐的机会,如友情、亲情和爱情等。

(5)心商高的人往往具有较高的自我实现追求。他们不仅关注眼前的困难和挑战,更关注自己的长远发展和成长。这种追求有助于他们在生活中不断挑战自己,实现自我价值。当他们能够在自我实现的道路上不断前进时,他们就更容易体验到成就感和满足感,从而找到人生的快乐时刻。

心商在助力我们探寻人生快乐时刻方面发挥着重要作用。通过塑造积极心态、培养适应能力、提升情绪管理能力、优化人际关系以及追求自我实现等方面的努力,我们可以提高自己的心商水平,从而在人生的道路上更容易找到快乐的时刻。同时,我们也应该意识到心商的培养是一个长期的过程,需要我们在日常生活中不断实践和提升。

另外,以下总结了一些探寻人生快乐时刻的方法。

(1)自我觉察:首先,你需要对自己有深入的了解。认识到自己的情绪并理解它们是如何影响你的思维和行为的。只有当你真正了解自己,你才能找到自己的快乐之道。

(2)积极思维:培养积极的心态,对生活中的挑战和困难持有乐观的态度。积极的思维能帮助你看到问题的另一面,从而找到快乐的时刻。

（3）情绪管理：学会控制自己的情绪是心商的重要组成部分。通过情绪调节技巧，如深呼吸、冥想或放松训练，你可以更好地管理情绪，从而在压力下找到快乐。

（4）建立关系：与他人的关系也是快乐的重要来源。建立健康的人际关系，学会与他人沟通、理解和支持彼此，可以让你在生活中找到更多的快乐时刻。

（5）感恩的心态：学会感恩生活中的每一件小事，无论是美好的一天、他人的善意还是生活中的其他小幸事。感恩的心态可以让你更加珍惜现在，找到生活的快乐。

（6）追求意义：寻找生活中的意义和目标，让你觉得每一天都有价值。通过追求个人和社会的目标，你可以找到自己的使命感，并从中找到快乐。

（7）自我照顾：保持自己的身心健康是找到快乐的基石。确保你有足够的休息、健康的饮食和适度的运动。同时，培养一些兴趣爱好，让生活更加丰富多彩。

（8）接受自己：接受自己是一个不完美的人。每个人都有自己的优点和缺点，而接受自己可以帮助你更加自信地面对生活，从而找到更多的快乐时刻。

运用以上方法，你可以通过心商来探寻人生的快乐时刻。记住，每个人的生活都是独特的，找到自己的快乐之道需要时间和努力。保持积极的心态，不断学习和成长，你一定能够找到属于自己的快乐时刻。

快乐是可以营造的

快乐是可以营造的，虽然我们无法完全控制外部环境，但我们可以调整自己的心态和行为，让自己更加快乐。以下是一些营造快乐的方法。

（1）积极心态：保持乐观和积极的态度，看到问题的另一面，发现生活中的美好。积极的心态可以让我们更加自信和愉快。

当我们面临生活中的种种挑战和困难时，保持乐观和积极的态度是至关重要的。这种心态不仅能够帮助我们更好地应对困境，还能让我们发现问题的另一面，进而发现生活中的美好。下面笔者将通过一个具体的例子来详细阐述这一点。

假设你突然失去了工作，面对这样的打击，很多人可能会感到无助和失望，认为自己很失败。然而，如果拥有高心商，你就能够保持乐观和积极的态度，看到问题的另一面。

失去工作确实是一个巨大的打击，但这也是一个重新审视自己、寻找新机会的时刻。你可以利用这段时间来反思自己的职业规划和人生目标，思考自己真正想要从事的是什么工作。在这个过程中，你可能会发现一些新的兴趣点和可能性，从而开启全新的职业生涯。

失业也为你提供了一个与家人、朋友更加亲近的机会。当你面临困难时，他们很可能会给予你支持和帮助。在这个过程中，你可能会更加珍惜与他们的关系，体验到亲情和友情的温暖。保持乐观和积极的态度能够帮助我们看到问题的另一面，发现生活中的美好。在面对困境时，我们不妨尝试换一种思维方式，从中寻找积极的一面，从而让自己的生活更加充实和美好。

（2）社交互动：与他人建立良好的关系，与朋友、家人和同事进行愉快的交流和互动。分享彼此的感受和经历，创造快乐的时刻。

当我们与他人建立良好的关系，与朋友、家人和同事进行愉快的交流和互动时，我们的生活会变得更加丰富多彩，充满快乐和满足感。下面笔者将通过一个具体的例子来详细阐述这一点。

假设你刚搬到一个新的城市，面对陌生的环境和人群，你可能会感到孤独和无助。但是，如果你拥有高心商，你就能够积极地去与他人建立良好的关系，从而在这个新的环境中找到快乐和归属感。

你可以主动参加社区组织的活动，如志愿者活动、兴趣小组等。在这些活动中，你有机会结识志同道合的人，并与他们进行愉快的交流和互动。通过共同的兴趣和目标，你们之间很容易建立起深厚的友谊。

与他人建立良好的关系能够让我们在生活中获得更多的支持和帮助，从而更加快乐地面对生活中的挑战和困难。通过与朋友、家人和同事进行愉快的交流和互动，我们不仅能够分享彼此的快乐和困难，还能够共同成长和进步。这种互动和交流不仅能够丰富我们的生活，还能够让我们在人际关系中找到真正的快乐和满足感。

（3）运动和健康：保持适度的运动和健康的饮食习惯，可以促进身体健康和心理健康。运动可以帮助我们释放压力,增强身体能量。

保持适度的运动和健康的饮食习惯对于促进身心健康具有至关重要的作用。下面笔者将通过一个具体的例子来详细阐述这一点。

假设你是一位长期坐在办公室工作的白领,由于工作繁忙,经常加班,你的身体逐渐出现亚健康状态,如肥胖、高血压、失眠等,为了改善自己的健康状况,你决定开始调整自己的运动和饮食习惯。

随着时间的推移,你会发现自己的身体健康状况有了明显的改善。肥胖问题得到了解决,高血压得到了控制,失眠问题也有所缓解。更重要的是,你的心态也变得更加积极和乐观。你开始享受运动和良好的饮食习惯带来的愉悦感,更加珍惜与家人和朋友的时光,对生活的热爱和期待也变得更加强烈。

(4)追求兴趣:追求自己感兴趣的活动和爱好,为自己创造乐趣和满足感。尝试新的事物,寻找刺激和挑战,使生活充满激情和动力。

追求自己感兴趣的活动和爱好,是为自己创造乐趣和满足感的重要途径。下面笔者将通过一个具体的例子来详细阐述这一点。

假设你一直对园艺有浓厚的兴趣,但由于种种原因,一直没有时间或机会深入了解和尝试。现在,你决定把园艺作为自己的爱好,投入时间和精力去追求。

你会开始购买一些和园艺相关的书籍和工具,了解园艺的基本知识和技巧。你会学习如何种植各种花卉和蔬菜,如何照顾它们,以及如何处理常见的园艺问题。在这个过程中,你会不断地学习和发现新的知识和技能,这本身就会带给你很大的乐趣和满足感。

（5）简化生活：学会简化自己的生活，减少不必要的压力和焦虑。合理安排时间，制定优先级，让自己更加专注和有成就感。

学会简化自己的生活，减少不必要的压力和焦虑，对于我们的心理健康至关重要。下面笔者将通过一个具体的例子来详细阐述这一点。

假设你是一个在工作中追求卓越，生活中又希望面面俱到的人，你经常感到时间不够用，事情做不完，压力巨大，焦虑不安。渐渐地，你意识到这种生活方式不仅影响了你的工作效率，还严重影响了你的生活质量。于是，你决定学会简化生活，减少不必要的压力和焦虑。

你开始审视自己的生活，找出那些真正重要和有价值的事情，然后集中精力去做。你不再试图同时处理多个任务，而是每次只专注于一个任务，以提高工作效率和质量。你会发现，当你全神贯注于一件事情时，你的思维更加清晰，注意力更加集中，工作也更加出色。

学会简化自己的生活，减少不必要的压力和焦虑，是一种非常重要的心理调适技巧。通过简化生活，我们可以更好地关注自己的内心需求和感受，提高自己的工作效率和生活质量。当我们学会放下那些不必要的负担时，才能更加轻松地面对生活的挑战和困难，享受生活的美好。

（6）给自己惊喜：时不时给自己一个小惊喜或奖励，让自己感受到幸福和快乐。这些惊喜可以是一个小礼物、一顿美食或一次放松的旅行。

时不时给自己一个小惊喜或奖励，让自己感受到幸福和快乐，是一种积极的生活态度。这种态度有助于我们更好地享受生活中的点滴美好，增强生活满足感，同时有助于提高我们的心理健康水平。时不时给自己一个小惊喜或奖励，让自己感受到幸福和快乐，是一种积极乐观的生活方式。

通过这种方式，我们可以更好地发现生活中的美好和乐趣，提高自己的生活满意度和幸福感。同时，这种积极的生活态度也有助于提升我们的心理健康水平。

（7）寻找意义：为自己的人生和各种活动找到意义和目的，可以增加满足感和快乐感。了解自己的价值观和目标，并将其融入日常生活中。

这一观点在我们的日常生活中有着广泛的应用。下面笔者将通过一个具体的例子来详细阐述这一点。

假设你是一位热衷于摄影的爱好者，经常利用业余时间拍摄各种风景和人物。然而，随着时间的推移，你开始感到摄影的乐趣逐渐减少，拍摄的照片也变得乏味和缺乏灵魂。你意识到，你需要为自己的摄影活动找到更深层次的意义和目的。

为了寻找意义和目的，你开始思考摄影对你个人来说真正意味着什么。你翻阅过去的照片，发现那些记录家人、朋友和亲人瞬间的照片最能触动你的内心。于是，你决定将自己的摄影重心转移到记录人与人之间的情感联系和互动上。

通过为自己的摄影活动找到意义和目的，你不仅重新找回了摄影的乐趣和激情，还让自己的生活变得更加充实和有意义。你感到自己正在为这个世界做出一些积极的贡献，这种成就感和满足感让你更加快乐和满足。

由此可见，通过以上这些方法，我们可以积极营造快乐，让自己更加愉快和满足。记住，快乐是一种选择，我们要学会在生活中选择并创造快乐的时刻。

重拾快乐：心商的智慧

当我们在面对困境时，高心商能够帮助我们调整心态，重新找回生活的乐趣和满足感。下面笔者将通过几个例子来具体阐述这一概念。

（1）面对职场压力：在现代社会中，职场竞争激烈，工作压力大是许多人都面临的问题。一个高心商的人能够在面对工作压力时，保持冷静和理智，不被情绪左右。他们能够积极寻求解决问题的方法，如与同事沟通合作、寻求领导的支持或者调整工作方式等。通过积极应对，他们不仅能够有效缓解压力，还能够从中找到工作的乐趣和成就感，从而重拾快乐。

（2）处理人际关系：人际关系是我们生活中不可避免的一部分，而处理人际关系也是一项需要高心商的任务。当面对人际冲突或者误解时，一个高心商的人能够主动站在对方的角度思考问题，理解对方的立场和感受。他们能够以平和的心态进行沟通，化解矛盾，甚至将冲突转化为增进了解和友谊的机会。这样的处理方式不仅能够让我们在人际交往中保持愉快的心情，还能够提升我们的人际交往能力。

（3）应对生活变化：生活总是充满了变数，无论是突然的失业、亲人的离世还是其他重大的人生事件，都可能给我们带来沉重的打击。然而，一个高心商的人能够在面对这些生活变化时，保持积极的心态和适应能力。他们能够接受现实，勇敢面对挑战，并从中寻找新的机会和可能性。通过积极应对生活变化，他们不仅能够逐渐走出困境，还能够发现生活中的新乐趣和意义。

由此可见，高心商能够帮助我们在面对生活中的各种挑战和压力时，保持积极的心态和情绪调控能力，从而重新找回生活的乐趣和满足感。通过不断提升自己的心商水平，让生活变得更加充实和美好。

需要注意的是，重拾快乐是一个积极的过程，需要我们运用心商的智慧来调整自己的心态和行为。以下是一些运用心商智慧重拾快乐的方法。

（1）自我接纳：接受自己的不完美和过去的经历。通过理解自己的过去，我们可以更好地去面对现在，放下过去的包袱，迎接新的快乐时刻。

在我们的生活中，每个人都会有一些不完美的经历，或者犯过一些错误。这些经历可能让我们感到尴尬、后悔或失望。然而，真正的高心商并不仅仅在于我们是否能够避免错误，而在于我们是否能够接受和面对这些不完美和错误。

接受自己的不完美并不意味着我们要对自己的错误视而不见，而是意味着我们能够以一种更加成熟和理智的态度来审视这些经历。当我们学会接受自己的不完美时，也就学会了宽容和善待自己。这种宽容和善待会让我们更加自信，因为我们知道，即使我们犯了错误，我们仍然是有价值的、值得被爱的。

同时，接受自己的不完美也是释放内心包袱的关键。很多时候，我们之所以感到痛苦和焦虑，是因为我们一直在背着过去的错误和遗憾。然而，当我们学会接受这些不完美时，也就学会了放下。放下并不意味着要忘记过去,而是意味着我们不再让过去的错误和遗憾束缚我们的现在和未来。

通过理解自己的过去,我们可以更好地面对现在。当回顾自己的成长历程时,我们会发现,每一个错误和挫折都是我们成长的一部分。这些经历让我们更加成熟、更加坚强。因此,当我们面对现在的挑战时,可以从过去的经历中汲取力量和智慧,从而更好地应对这些挑战。

最后,接受自己的不完美和过去的经历也是迎接新的快乐时刻的前提。当我们放下过去的包袱时,我们的心灵会变得更加轻盈和自由。这种轻盈和自由会让我们更加容易感受到生活中的快乐和美好。无论是一个小小的成功、一个温馨的时刻还是一个意外的惊喜,都能够以一颗感恩和喜悦的心去迎接它们。

(2)情绪调节:学会调节情绪,掌握有效的情绪管理技巧。这包括识别情绪、表达情绪和调节情绪,使我们能够在面对挑战时保持冷静和乐观。

情绪管理是一项至关重要的技能,它决定了我们如何面对生活的挑战、如何与他人相处,以及如何在压力之下保持冷静和乐观。高心商的人通常能够有效地管理自己的情绪,从而在面对困难时保持积极的心态。

情绪管理的核心在于调节情绪。这意味着我们需要学会控制自己的情绪,避免被情绪主导。当我们感到愤怒、焦虑或沮丧时,可以通过深呼吸、冥想、运动或其他放松技巧来平复情绪。此外,还可以寻求他人的支持和帮助,以更好地应对挑战和压力。

通过有效地管理情绪,我们可以在面对挑战时保持冷静和乐观。这种积极的心态不仅可以帮助我们更好地应对困难，还可以提升我们的创造力和解决问题的能力。当我们保持冷静和乐观时，会更加自信地面对生活的挑战，从而取得更好的成果。

（3）积极思考：转变消极的思维模式，培养积极的思考方式。看到问题的另一面，关注解决方案，并保持对未来的希望和积极预期。

在我们的日常生活中，消极的思维模式常常会阻碍我们前进的步伐，让我们陷入困境，失去信心和动力。相反，积极的思考方式能够帮助我们看到问题的另一面，寻找解决方案，并保持对未来的希望和积极预期。因此，转变消极的思维模式，培养积极的思考方式至关重要。

积极的思考方式不仅让我们看到问题的另一面，还促使我们关注解决方案。消极的思维模式往往让人陷入问题本身，而忘记了寻找解决之道。相反，积极的思考方式鼓励人们主动寻找解决问题的方法，并勇于尝试新的途径。这种解决问题的态度不仅能够帮助我们克服困难，还能够提升我们的自信和适应能力。

转变消极的思维模式、培养积极的思考方式是一项长期而有益的任务。通过看到问题的另一面、关注解决方案并保持对未来的希望和积极预期，我们能够更好地应对生活中的挑战和困难，实现个人的成长和进步。

（4）建立社会支持系统：与亲朋好友保持联系，寻求他们的支持和理解。建立健康的社交关系，分享彼此的经历和感受，共同成长和快乐。

在人生的旅途中，每个人都会遇到一些困难和挫折。在这些时候，亲朋好友的支持和理解就显得尤为重要。他们可以提供一个倾诉的对象，帮助我们排解心中的烦恼和压抑。更重要的是，他们的鼓励和支持可以激发我们的内在力量，让我们更有信心去面对生活中的挑战。

健康的社交关系对于个人的成长和发展至关重要。通过与亲朋好友保持联系，我们可以建立更加紧密、真诚的关系。这种关系不仅有助于我们的心理健康，还能为我们提供更多的机会去学习和成长。在健康的社交环境中，我们可以更加深入地了解自己和他人，不断提升自己的人际交往能力。

（5）自我激励与成长：持续地激励自己，保持学习和成长的热情。勇于尝试新事物，离开自己的舒适区，提升自己的能力，发掘自己的潜力。

自我激励是一种内在的力量，它能够驱使我们克服困难、保持热情并不断进步。在追求个人成长的道路上，自我激励就像一盏明灯，照亮我们前行的道路。它让我们在面对挫折和困难时保持坚韧不拔的精神，不断激发自己的潜能和创造力。通过自我激励，我们能够更加明确自己的目标和方向，为实现这些目标而付出努力。

勇于尝试新事物是走出自我舒适区的重要表现。很多时候，我们习惯于舒适和安逸，害怕面对未知和挑战。然而，正是这种勇于尝试的精神，让我们有机会探索新的领域、发现新的兴趣和潜力。通过尝试新事物，我们能够拓宽自己的视野和思维，增强自己的适应能力和创新能力。

为了实现持续地激励自己、保持学习和成长的热情，我们可以采取一些具体的行动。首先，可以制订明确的目标和计划，以确保自己始终有方向可循；其次，可以培养自我反思和总结的习惯，从中发现自己的不足和需要改进的地方；最后，可以与积极向上的人为伍，从他们的身上汲取正能量。

（6）平衡与放松：学会平衡工作与生活，给自己留出时间和空间来放松和休息。通过冥想、瑜伽、旅行等方式来放松身心，缓解压力，恢复活力。

在现代社会中，我们常常身处快节奏的工作和生活环境之中。面对繁重的工作压力，很容易忽略自我关怀的重要性。然而，只有当我们真正给自己留出时间和空间来放松和休息时，才能够有效地缓解压力，恢复身心的平衡。这样的时间和空间，不仅有助于我们调整心态，更能够激发我们的创造力和灵感，为工作和生活带来更多的可能性。

要实现工作与生活的平衡，我们可以从以下几个方面着手：首先，制订合理的工作和生活计划，确保两者之间的时间分配合理；其次，学会拒绝一些不必要的工作和应酬，给自己留出更多的时间和空间来放松和休息；最后，我们还可以尝试与家人和朋友共度美好时光，增进感情交流，让生活更加充实和温馨。

学会平衡工作与生活是每个人都应该追求的生活能力。

（7）培养幽默感：培养幽默感，用轻松和愉快的方式来应对生活中的挑战和压力。幽默可以缓解紧张气氛，带来欢笑和愉悦。

幽默感就像是一种润滑剂，能够减少生活中的摩擦和冲突。当我们遭遇困境时，幽默感能够帮助我们从另一个角度看待问题，找到其中的乐趣和幽默之处。这种能力不仅能够帮助我们缓解紧张的气氛，还能够带来欢笑和愉悦，让我们在压力之下保持平和的心态。

当我们用幽默的眼光去看待生活中的挑战时，往往能够以更加轻松和积极的方式去应对。幽默让我们看到问题的另一面，不再过分关注困难和压力，而是从中找到乐趣和动力。这种心态的转变不仅能够帮助我们更好地解决问题，还能够提升我们的心理健康和生活质量。

通过运用心商的智慧来重拾快乐，我们可以更好地应对生活中的挑战和压力，发现更多的快乐时刻。记住，快乐不是目的地，而是一种持续的心态和选择。让我们用心商的智慧来创造更多的快乐时刻吧！

高心商：快乐生活之源

心商，实际上在我们日常生活中发挥着不可或缺的作用。高心商能够帮助我们灵活调整自己的心理状态，让生活更加和谐快乐。

（1）情绪调节能力：高心商能够让人具备出色的情绪调节能力。具备情绪调节能力可以快速识别自己的情绪状态，并采取相应的措施进行调整。无论是面对喜悦、悲伤、愤怒还是其他情绪，他们都能保持冷静，不被情绪主导。这种能力使他们在面对生活中的各种情境时，能够保持平和的心态，从而更好地享受生活的美好。

能够调动情绪的能力，让每一个具有高心商的人如同情绪大师，拥有一种超凡的能力，那就是快速而准确地识别自己的情绪状态，并且知道如何妥善应对。在快节奏、高压的现代社会中，这种能力显得尤为珍贵。

他们能够清晰地认知自己的情绪。他们明白，情绪并非简单的好与坏，而是复杂的、多样化的。喜悦、悲伤、愤怒、恐惧……这些情绪都是人类情感的一部分,没有好坏之分,关键在于如何管理和应对。心商高的人能够准确区分这些情绪,并了解它们对自己的影响。

这样的人具备出色的情绪调节能力。当面对负面情绪时,他们不会让情绪主导自己的行为和决策。相反,他们会采取积极的措施来应对和调整。例如,当感到愤怒时,他们可能会选择深呼吸、冥想或者运动来释放情绪;当感到悲伤时,他们可能会选择与朋友倾诉或者寻找一些能让自己开心的事情来做。这种灵活而有效的情绪调节方式,使他们能够更好地应对生活中的挑战和压力。

此外,具有能够调动情绪能力的人还能够积极地将负面情绪转化为正面力量。他们明白,任何情绪都有其存在的价值,关键在于如何利用它们。例如,将愤怒转化为动力,推动自己去改变不满意的现状;将悲伤转化为同情和理解,去关爱和帮助那些需要帮助的人。这种转化不仅能够帮助他们更好地应对情绪,还能够让他们的生活更加充满积极和正能量。

(2)积极的心态:高心商可以让人拥有积极的心态。拥有积极心态的人看待问题的角度更加乐观,倾向于寻找解决方案而不是沉溺于问题本身。这种积极的心态使他们能够更好地应对挑战和困难,从中获得成长和进步,从而增加生活的满足感。

具有积极心态的人,他们的内心世界如同明亮的灯塔,始终散发着乐观和希望的光芒。他们看待问题的角度与众不同,总是倾向于发现事情光明的那一面,而不是沉溺于困境和阴霾之中。

他们拥有一种独特的思维方式。当面对问题时,他们不会一味地沉溺于困难之中，而是选择积极地寻找解决方案。他们明白，每一个问题都是一次成长的机会，每一个困难都是一次锻炼自己能力的时刻。因此，他们总是带着希望和信心去面对生活中的挑战。

他们的积极心态还体现在对待失败的态度上。他们明白，失败并不可怕，可怕的是失去信心和勇气。因此，当面对失败时，他们不会气馁和放弃，而是选择从中汲取教训，重新振作起来。他们相信，只要坚持不懈地努力，总有一天会取得成功。

此外，拥有积极心态的人还善于调整自己的心态，让自己始终保持在最佳状态。他们明白，情绪的管理对于个人的成长和发展至关重要。因此，当遇到挫折和困难时，他们总是能够迅速调整自己的心态，让自己重新焕发活力。最重要的是，当一个人深知积极心态的力量，就会懂得积极的心态能够激发个人的潜能和创造力，让自己在面对困难时更加坚定和勇敢。因此，他们总是积极向上，让自己的人生充满阳光和希望。

（3）良好的人际关系：提升心商可以让人擅长处理人际关系，能够敏锐地感知他人的情绪和需求。他们善于与他人沟通，懂得如何给予支持和安慰，从而建立起和谐的人际关系。这样的人际关系不仅有助于个人的心理健康，还能带来生活中的乐趣和满足。

提升心商确实可以让人更加擅长处理人际关系，并敏锐地感知他人的情绪和需求。下面笔者将通过一个具体的例子来详细阐述这一点。

原本，李颖在人际交往中经常感到困扰，但是，我们每个人都要有不同程度的人际交往。所以，李颖决定通过提高心商这个生活遥控器来改变自己的现状。

首先，开始主动培养自己的同理心。她努力站在他人的角度来思考问题，尝试理解对方的感受和需求。随着时间的推移，她发现自己越来越能够敏锐地感知到他人的情绪变化。比如，当她的朋友张雯因为工作压力而情绪低落时，李颖能够迅速察觉到，并主动给予张雯关心和支持。这种同理心让张雯感受到了温暖和安慰，也让她们的友谊更加深厚。

其次，学会了更有效的沟通技巧。她不再只是被动地倾听他人，而是能够在尊重对方的意见和感受的同时，主动表达自己的观点和情感。她学会了倾听他人的需求和期望，并尝试给予对方最恰当的建议和帮助。这种沟通技巧让她在与人交往中更加得心应手，也赢得了更多人的信任和尊重。

当与他人的沟通能力得到提升，能够较好地处理人际关系之后，李颖变得更加自信和乐观。她不再害怕与他人交往，而是能够自信地面对各种人际关系的挑战。她的乐观态度也感染了周围的人，让他们愿意与她建立联系和互动。这种自信和乐观的态度让李颖在人际关系中更加游刃有余，也让她在生活中获得了更多的乐趣和满足。

提升心商确实可以让人更加擅长处理人际关系，并敏锐地感知他人的情绪和需求。通过培养同理心、学习沟通技巧以及保持自信和乐观的态度，我们可以让自己在人际关系中更加出色，也让我们的生活更加充实和满足。

（4）内心的满足感：每一个在生活中寻找快乐的人都懂得珍惜当下，感恩生活中的每一个瞬间。他们能够从平凡的生活中发现美好，体验到内心的满足和幸福。这种满足感不是源于外在的物质和成就，而是来自内心的满足和平和。

　　高心商能够帮助我们调节情绪、保持积极的心态、建立良好的人际关系，以及获得内心的满足感。通过提升心商，我们可以更好地掌控自己的情绪和心态，从而让生活变得更加美好和充实。

第八章
心商提升之路是实践

心商——比智商、情商更重要的是心商

提升心商需要通过实践来培养和提高。就像任何其他的技能一样，理论知识的学习只是第一步，真正的成长和进步需要在实践中不断实施和应用。只有通过实践，我们才能够真正了解自己的情绪和反应，并学会如何表达和管理情绪。

提升心商需要通过实践来应用所学的知识和技巧。单纯地掌握理论知识并不足以使我们在情绪管理和社交互动中取得长期的进步。我们需要在日常生活中积极地应用所学的技巧，通过实践不断地调整和改进自己的反应和行为。只有在实践中，才能够真正锻炼和发展我们的心商能力。

理解"心商提升之路是实践"，意味着我们应该积极地通过实践来培养和提高自己的情绪管理能力，并将所学的知识和技巧应用到实际生活中。通过实践，我们可以不断地调整和改进自己的情绪管理和社交技巧，从而在个人生活和职业生涯中取得更好的结果。

心商开发的五个关键阶段

心商开发通常是指通过一系列的培训和自我调整，提升个人在心理、情感和思维方面的能力和智慧。

先来看一下心商开发的五个阶段。

第一个阶段，教化期。

这是心商开发的第一个阶段，个人在这一阶段处于相对无知和迷茫的状态，缺乏明确的目标和方向。

在这一阶段，个人往往处于相对无知的状态，对于自我、世界以及生活的理解尚显浅薄。由于缺乏明确的目标和方向，个体可能会感到困惑、不安甚至焦虑。

教化期的特点之一是知识的积累和学习。在这一阶段，个人开始接触并学习各种新知识、新技能和新观念。这些学习经历不仅帮助个体拓宽视野，也为其后续的心商发展奠定基础。然而，由于知识的广度和深度不断增加，个体可能会感到自己所知有限，从而产生一定的自卑感和迷茫感。

此外，教化期还是个体自我认知的初步形成期。在这一阶段，个人开始思考自己的价值观、兴趣爱好、人生目标等问题。然而，由于缺乏足够的经验和智慧，个体往往难以做出明确的判断和选择。这种不确定性可能导致个体在人生道路上徘徊不前，甚至产生自我怀疑和否定。

为了有效应对教化期的挑战，个体需要采取积极的措施。首先，保持开放和好奇的心态是关键。这意味着个体需要勇于尝试新事物，不断拓宽自己的视野和认知。其次，建立明确的目标和方向至关重要。通过设定短期和长期目标，个体可以更有针对性地学习和成长，从而减少迷茫和焦虑。最后，寻求他人的帮助和支持也是非常重要的。通过与导师、朋友或家人交流，个体可以获得更多的建议和指导，从而更好地应对教化期的挑战。

教化期是心商开发的初级阶段，也是个人成长的关键时期。虽然这一阶段充满迷茫和挑战，但通过积极的探索和努力，个体可以逐步积累知识、明确目标，为后续的心商发展奠定坚实的基础。

第二个阶段，觉醒期。

在经历了一段时间的教化期后，个人开始意识到自我成长的重要性，并开始寻找改变和提升的方法。

觉醒期是个人成长历程中的一个关键阶段，标志着个体从混沌和迷茫中走出，开始意识到自我成长的重要性，并积极主动地寻找改变和提升的方法。

在觉醒期，个人开始深刻反思自己的过去，重新审视自己的价值观、人生目标和行为方式。个体意识到，之前的无知和迷茫并不能成为停滞不前的理由，而是应该成为自我成长的契机。这种自我觉醒的过程可能伴随一定的痛苦和挣扎，但同时是一个充满希望和潜力的阶段。

在觉醒期，个体开始积极主动地寻求成长的机会和资源。他们可能开始阅读各种书籍、参加各种培训、寻求导师的指导，甚至主动寻找挑战和困难来锻炼自己。这种积极的态度和行动不仅有助于个体提升自我认知，也有助于他们积累更多的经验和技能。

觉醒期还意味着个体开始关注自己的内在需求和情感状态。他们开始更加关注自己的心理健康和情绪管理，努力培养积极的心态和情绪。个体意识到，只有内心强大和稳定，才能更好地应对外部的挑战和困难。

此外，觉醒期也是一个社交和人际关系的重塑期。个体开始重新审视自己的社交圈子，与那些能够激发自己成长的人建立更紧密的联系，同时逐渐疏远那些阻碍自己成长的人。这种社交的重塑有助于个体建立更加健康和有益的社交环境，进一步促进自我成长。

觉醒期是个体从混沌和迷茫中走出，开始积极主动寻求自我成长的关键时期。在这一阶段，个体不仅开始关注自己的内在需求和情感状态，也开始积极寻求外部资源和机会来提升自己的能力和认知。这种积极主动的态度和行动将为个体后续的成长和发展奠定坚实的基础。

第三个阶段，学习期。

在这一阶段，个人开始积极学习各种知识和技能，以提升自我。这一阶段可能会经历许多挑战和困难，但通过不断的学习和尝试，个人逐渐克服了各种障碍。

学习期是个人成长的起点，也是心商开发的初始阶段。在这一阶段，个体开始积极地探索和学习各种知识和技能，为自我提升和发展打下坚实的基础。

学习期通常开始于个体对自身能力和知识的不满和渴望改变的现状。

他们意识到自己的不足，开始积极寻找学习的机会和资源。这种积极的学习态度使他们能够快速地吸收新的知识和技能，为自己的未来发展做好准备。

然而，学习期并不是一帆风顺的。在这一阶段，个体可能会遇到各种挑战和困难，如学习难度大、时间紧迫、资源匮乏等。这些挑战和困难可能会让个体感到困惑、焦虑甚至失望。但正是这些挑战和困难，促使个体更加努力地学习和尝试，不断克服各种障碍。

在学习期，个体需要具备一定的学习能力和学习策略。他们需要学会如何有效地吸收和记忆新知识，如何将所学知识应用到实际生活和工作中，如何与他人合作和交流等。这些能力和策略不仅有助于个体在学习期取得更好的成绩，也有助于他们在未来的职业生涯中更好地应对各种挑战和机遇。

同时，学习期也是个体建立自信心和自律性的重要阶段。通过不断的学习和尝试，个体开始逐渐认识到自己的潜力和能力，从而建立起自信心。同时，他们也需要学会如何制订学习计划、如何管理时间、如何保持专注等，这些自律性的培养对于未来的学习和工作都具有重要的意义。

学习期是个体积极学习知识和技能、克服各种挑战和困难的重要阶段。在这一阶段，个体需要保持积极的学习态度和心态，学会如何有效地学习和应用新知识，培养自信心和自律性。通过这些努力，个体可以为自己的未来发展打下坚实的基础，为实现更高层次的目标做好准备。

第四个阶段，磨炼期。

在经历了学习期的积累之后，个人开始在实践中不断磨炼自己的技能和能力。通过不断的努力和实践，个人逐渐变得更为自信和有经验。

磨炼期是个人成长历程中的一个重要阶段，它标志着个体已经完成了学习期的知识积累，开始将所学应用到实践中，不断磨炼自己的技能和能力。这一阶段是知识转化为实际行动和成果的关键时期。

在磨炼期，个人开始将学习期所获得的理论知识和技能应用到实际工作和生活中。这种实践的过程可能充满挑战和困难，但正是这些挑战和困难，使个体有机会不断地试错、反思和改进，从而不断提升自己的能力和技能。

通过不断的实践和挑战，个体开始逐渐积累经验和自信。他们开始更加清晰地认识到自己的优势和不足，从而更加有针对性地提升自己的能力。这种自我提升的过程不仅有助于个体在工作中取得更好的成绩，也有助于他们在生活中更加自信地面对各种挑战。

同时，磨炼期也是个体不断试错和修正错误的过程。在实践中，个体可能会遇到各种预料之外的情况和问题，需要他们灵活应对和解决。这种试错和修正错误的过程不仅有助于个体积累更多的经验，也有助于培养更加成熟和稳健的心态。

此外，磨炼期还是个体不断挑战自我和超越自我的过程。在这一阶段，个体不仅需要面对外部的挑战和困难，更需要面对自己内心的恐惧和不安。通过不断地挑战自我和超越自我，个体可以不断提升自己的潜力和能力，实现自我价值的最大化。

磨炼期是个体将学习期的知识转化为实际行动和成果的关键阶段。通过不断的实践和挑战，个体不仅可以积累更多的经验和自信，还可以培养更加成熟和稳健的心态。同时，磨炼期也是个体不断挑战自我和超越自我的过程，有助于他们实现自我价值的最大化。

第五个阶段，成功期。

这是心商开发的最后一个阶段，个人在这一阶段已经达到了相当高的水平，能够有效地应对各种挑战和困难。这一阶段，个人已经实现了自我价值，并成了自己想要成为的人。

成功期是心商开发的最后一个阶段，代表着个人在自我成长和发展的过程中达到了一个相当高的水平。在这一阶段，个体已经具备了应对各种挑战和困难的能力，能够有效地管理自己的情绪、思维和行为，实现了自我价值的最大化。

在成功期，个人已经形成了自己独特的价值观、人生目标和行为准则。他们清楚地知道自己想要什么，以及如何去实现自己的目标。这种清晰的目标导向使他们能够更加专注和高效地追求自己的梦想，不会被外界的干扰和诱惑动摇。

同时，成功期的个体已经具备了相当高的自我控制力和情绪管理能力。他们能够有效地调节自己的情绪，保持平静和冷静的心态，面对各种挑战和困难时不会轻易失去信心和动力。这种强大的心理韧性和情绪稳定性使他们能够在逆境中保持冷静，找到解决问题的最佳方法。

此外，成功期的个体还具备了卓越的思维能力和创造力。他们能够从不同的角度和层面思考问题，发现问题的本质和解决方案。同时，他们能够不断地进行创新和尝试，不断突破自己的局限，开拓新的领域和机会。

在成功期，个体不仅实现了自我价值，也成了自己想要成为的人。他们不仅在职业上取得了成功和成就，也在个人生活和人际关系中获得了满足和幸福。这种全面的成功和满足感使他们更加自信和充实，也更加有能力和动力去影响和帮助他人。

这五个阶段构成了一个完整的心商开发过程，从无知到有知，从混沌到清晰，从被动到主动，从低级到高级。每个人都可以根据自己的实际情况来评估自己的心商水平，并有针对性地制订心商开发计划，不断提升自己的能力和智慧。

挖掘自我潜能

挖掘自我潜能与心商的提升之间存在紧密的关联。心商是一个人在面对生活中的挑战、压力和变化时所展现出来的心理素质、情绪智慧和内在力量的综合体现。

（1）自信心与潜能激发：心商高的人往往具有更强的自信心。这种自信心可以帮助他们更勇敢地面对挑战，更有决心去克服困难。当他们对自己充满信心时，更有可能积极挖掘自己的潜能，尝试新的事物，从而实现更高的目标。

（2）应对压力与逆境：心商高的人在面对压力和逆境时，能够保持冷静和理智。他们能够更好地应对压力，调整自己的心态，从而更好地发挥自己的潜能。这种应对压力的能力有助于他们在困难面前不屈不挠，持续挖掘自己的潜力。

（3）自我调整与潜能优化：心商高的人具有更强的自我调整能力。他们能够在遇到挫折或失败时，及时总结经验教训，调整自己的策略和方法。这种自我调整能力有助于他们不断优化自己的潜能，实现更高的目标。

（4）乐观心态与潜能释放：心商高的人往往具有乐观的心态。他们能够积极看待生活中的挑战和困难，相信自己有能力战胜它们。这种乐观心态有助于他们释放自己的潜能，充分发挥自己的优势，实现更高的目标。

因此，通过提高心商，人们可以更好地挖掘自己的潜能。这需要在日常生活中注重培养自信心、应对压力的能力、自我调整能力和乐观心态。同时，需要不断地挑战自己，尝试新的事物，以实现更高的目标和成就。

我们举一个案例，大家可以更直观地看到更好地挖掘自己潜能的作用。

案例背景：张丽是一位普通的办公室职员，她在工作中表现出色，但总觉得自己的工作和生活之间缺乏平衡，同时感觉自己还有更多的潜能未被发掘。

挑战与机遇：张丽的公司决定开展一个新的项目，需要选派一名员工前往海外进行为期一年的学习和管理。由于这是一个全新的领域，公司内的员工都对此感到陌生，大多数人选择避开这个机会。但张丽看到了这个挑战背后的机遇，她相信自己有能力胜任这个任务。

挖掘潜能的过程如下所示。

（1）自我评估与准备：张丽首先对自己进行了全面的评估，确定了自己在管理和沟通方面的优势，以及在语言和跨文化交流方面的短板。她报名参加了英语培训课程和跨文化沟通工作坊，以提升自己的语言能力和跨文化沟通技巧。

（2）积极应对压力：在海外工作期间，张丽面临了语言障碍、文化差异、工作压力等多重挑战。但她始终保持积极的心态，不断调整自己的策略，努力适应新的环境。她积极参与当地的文化活动，与同事建立良好的关系，逐渐融入了当地的工作和生活。

（3）自我调整与优化：在工作中，张丽遇到了许多预料之外的困难。她及时调整自己的工作计划和方法，与团队成员保持紧密沟通，确保项目的顺利进行。她还主动寻求反馈和建议，以便更好地优化自己的工作方式。

结果与收获：经过一年的努力，张丽成功地完成了项目任务，赢得了同事和公司的认可。她的语言能力、跨文化沟通能力和项目管理能力都得到了显著提升。更重要的是，她在这个过程中发现了自己的潜能和价值，增强了自信心和自尊心。

这个案例展示了张丽如何通过自我评估、积极应对压力、自我调整和优化等方式，成功地挖掘了自己的潜能并实现了个人成长。这个过程不仅提高了她的专业能力，还增强了她的心理素质和适应能力。

不过，挖掘自我潜能是一个持续的过程，需要自我觉察、自我探索和自我成长。以下一些方法可以帮助你更好地挖掘自我潜能。

（1）自我觉察：了解自己的优点、缺点、价值观、兴趣爱好和目标，从而更好地定位自己，找到自己的优势和潜力所在。

（2）自我探索：不断尝试新的事物，拓展自己的经验和知识，发掘自己的潜力和能力。这可以通过学习新技能、参加社交活动、旅行等方式实现。

（3）设定目标：制定明确、具体、可衡量的目标，并制订相应的计划，逐步实现自己的目标。在实现目标的过程中，不断挑战自己，走出自己的舒适区。

（4）培养自信：相信自己有能力实现目标，并不断为自己创造积极的反馈和激励。同时，接受失败和挫折，从中学习经验教训，不断调整自己的心态和行动。

（5）持续学习：不断提升自己的知识和技能，保持开放和好奇的心态，不断探索新的领域和挑战。同时，学会学习、借鉴他人的经验和智慧。

（6）建立支持系统：与他人建立良好的关系，寻求支持和帮助，共同进步和成长。这可以是志同道合的朋友、导师、同事或专业人士等。

（7）关注身心健康：保持健康的身体和心理状态是挖掘自我潜能的基础。通过合理的饮食、适度的运动、充足的休息和放松等方式来提升身心健康水平。

（8）创新思维：培养创新思维和创造性解决问题的能力，寻找独特的解决方案。这可以通过尝试不同的思维方式、参加创意工作坊或创意思维课程等方式实现。

总之，挖掘自我潜能需要长期的坚持和努力，但只要持之以恒地去探索和实践，你一定能够发现自己无尽的潜力和可能性。

第八章　心商提升之路是实践

遵循心商发展的内在规律

遵循心商发展的内在规律是指在提升心商的过程中，要遵循一定的原则和方法，以确保心商能够得到持续、稳定和健康的发展。

心商的发展并非一蹴而就，它需要时间、耐心和恰当的方法。为了确保心商能够持续、稳定和健康地发展，我们需要遵循一些内在规律。

（1）心商的发展是一个系统工程，需要综合考虑各个方面。我们不能仅仅关注某一方面的发展，而忽视了其他方面。因此，在提升心商的过程中，我们需要全面考虑认知、情感、意志等各个方面的发展需求，确保它们能够协同作用，共同推动心商的提升。

（2）心商的发展是一个渐进的过程，不能急于求成。我们需要根据实际情况和需要，逐步提升自己的心商水平。在每个阶段，我们都需要明确自己的目标和任务，然后有计划、有步骤地去实现它们。这样，我们才能够确保心商的发展是稳定而持久的。

（3）每个人的心商发展都有其独特的特点和规律。因此，在提升心商的过程中，我们需要根据自己的实际情况和需求，制订个性化的发展计划和方法。只有这样，我们才能够更好地发掘自己的潜能，实现心商的最大化发展。

（4）心商的发展离不开实践。通过实践，我们可以检验自己的认知、情感和意志等方面的能力，发现自己的不足之处，并及时进行调整和改进。同时，我们还需要在实践中不断反思和总结经验教训，以便更好地指导未来的实践。这样，我们才能够确保心商的发展是健康而有效的。

（5）心商的发展是一个持续不断的过程。为了保持心商的稳定发展，我们需要不断学习和提升自己的知识和技能水平。通过持续学习，我们可以不断更新自己的认知体系、情感素质和意志品质，以更好地应对生活中的各种挑战和压力。同时，我们还需要不断反思自己的行为和决策过程，以便更好地发现自己的不足之处并进行改进。

遵循心商发展的内在规律需要我们综合考虑系统性、循序渐进、个性化、实践与反思相结合，以及持续学习与自我提升等原则和方法。只有这样，我们才能够确保心商得到持续、稳定和健康的发展，从而更好地发掘自己的潜能并实现个人价值。

我们举一个案例具体来看一下：白易辰是一位中年工程师，他在一家大型制造企业担任技术部门的主管已有十年之久。然而，随着市场竞争的加剧和技术变革的快速发展，他逐渐感到自己的职业发展陷入了"瓶颈"。为了突破这一困境，白易辰决定进行职业转型，从技术领域转向管理领域。

在转型的过程中，白易辰深知遵循心商发展的内在规律至关重要。他首先对自己的职业兴趣、能力和价值观进行了深入的分析，明确了自己的职业目标和发展方向。然后，他制订了一份详细的职业规划，包括学习管理知识、提升沟通能力、培养领导力等方面的具体步骤和时间安排。

在实施职业规划的过程中，白易辰遵循了循序渐进的原则。他先从学习基础管理知识开始，逐步深入战略规划、团队管理等更高级别的内容。同时，他注重在实践中锻炼自己的管理能力，积极参与公司内部的项目管理和团队建设工作。

面对职业转型过程中的挑战和困难，白易辰始终保持着积极的心态和坚定的意志。他不断调整自己的情绪和思维方式，保持积极向上的精神状态。同时，他也注重自我反思和总结，从中吸取经验教训，不断完善自己的管理能力和领导风格。

经过几年的努力和实践，白易辰成功地实现了职业转型，成为一名优秀的管理者。他的领导能力和团队管理水平得到了广泛认可，为公司的发展做出了重要贡献。这个例子充分说明了遵循心商发展的内在规律对于个人职业发展和成功的重要性。

心商，作为个体在情感、认知和行为上的综合心理素质，对于个人的全面发展具有至关重要的作用。遵循心商发展的内在规律，意味着在提升心商的过程中，我们要按照科学的原则和方法进行操作，以确保心商得到持续、稳定和健康的发展。以下将从多个方面阐述遵循心商发展的内在规律的重要意义。

（1）遵循心商发展的内在规律，有助于个体更深入地了解自己，包括自己的情绪、需求、优势和不足。这种自我认知的提升，使个体能够更好地认识自己，从而明确自己的目标和定位，为未来的发展打下坚实的基础。

（2）遵循心商发展的内在规律，可以帮助个体更好地掌握情绪调节的方法，提高情绪管理的能力。情绪管理是心商的重要组成部分。当面对压力和挑战时，能够保持冷静、理智，从而更好地应对各种情境。

（3）遵循心商发展的内在规律，可以帮助个体优化决策过程，提高决策的质量和效率，从而更好地实现个人目标。心商的提升有助于个体在决策时更加全面、客观地考虑问题，减少冲动和盲目。

（4）遵循心商发展的内在规律，可以帮助个体提高社交能力，建立良好的人际关系，从而在生活和工作中获得更多的支持和帮助。良好的心商有助于个体更好地与他人交往和沟通。

（5）遵循心商发展的内在规律，可以帮助个体提高生活满意度，增强幸福感，使生活更加充实和有意义。心商的提升能够使个体更加积极地面对生活，从而更好地享受生活的美好。

（6）遵循心商发展的内在规律，可以帮助个体塑造积极的心态，面对困难和挑战时保持乐观和自信，从而更好地应对生活中的各种变化。积极的心态对于个人的成长和发展至关重要。

（7）遵循心商发展的内在规律，可以帮助个体不断挖掘自己的潜能，实现个人成长和进步。通过不断的学习和实践，个体可以不断提升自己的综合素质，为未来的发展奠定坚实的基础。心商的发展是个人成长的一个重要方面。

（8）遵循心商发展的内在规律，有助于个体在事业和生活中追求卓越成就。高心商的个体能够更好地应对挑战和压力，保持积极向上的精神状态，从而在工作中取得更好的成果。同时，在生活中能够享受更高的生活质量和幸福感。

遵循心商发展的内在规律对于个人全面发展具有重要意义。通过提升自我认知、增强情绪管理、优化决策能力、促进人际交往、提高生活满意度、塑造积极心态、实现个人成长以及追求卓越成就等方面的努力和实践，个体可以不断提升自己的心商水平，从而更好地应对生活中的各种挑战，走上人生高地。

从意识到方法的全面掌握

首先，个体需要意识到心商对于自身发展的重要性。这涉及对自身内在世界的探索与认知，认识到情绪、动机、态度、价值观等心理因素对于行为决策和人生轨迹的深远影响。只有当我们意识到心商的重要性，才能产生提升它的内在动力。

然后，在意识到心商的重要性后，个体需要转变理念，从被动应对生活中的挑战和压力，转变为主动塑造自己的心态和情绪。这需要我们主动地去学习、实践和反思，以实现心商的提升。

为了有效地提升心商，个体需要积累相关的知识和理论。这包括心理学、情绪管理、沟通技巧、决策制定等多个方面的内容。通过系统的学习，我们可以更加全面地理解心商的内在机制，为后续的实践打下坚实的基础。

心商——比智商、情商更重要的是心商

理论的学习是第一步，但真正的提升在于将理论应用于实践。这意味着我们需要将所学的知识转化为具体的行动，通过反复的实践来巩固和深化理解。例如，通过情绪调节的实践来提升自己的情绪管理能力，通过实际的人际交往来优化沟通技巧等。

在实践的过程中，我们需要持续地进行反思和总结。这有助于我们认识到自己的不足和需要改进的地方，从而不断优化和调整自己的方法和策略。通过持续的反思和改进，我们可以逐步提升自己的心商水平，实现全面的发展。

最终，我们要将心商的提升融入日常生活之中，使其成为自然而然的行为。这需要我们养成良好的习惯，如定期自我反思、保持积极心态、持续学习等。通过这些习惯的养成，我们可以确保心商的提升成为一种持久而稳定的状态。

当意识到心商对于自身发展的重要性时，就需要知道有哪些方法能够提升我们的心商，并且掌握这些方法。

（1）学会自我控制：心商高的人往往能够更好地控制自己的情绪，避免冲动行为。因此，要学会在面对挫折、不满或压力时保持冷静，理智地处理问题。

（2）提高同理心：心商高的人能够理解他人的感受和需求，设身处地地思考问题。要提高同理心，可以多关注他人的情感和需求，尝试从他人的角度看待问题。

（3）学会沟通：有效的沟通是心商的重要组成部分。要学会清晰、准

确地表达自己的想法和感受，同时倾听他人的意见和建议。在沟通中要注重语气和态度，避免攻击性语言。

（4）增强自我意识：心商高的人往往有清晰的自我认知，了解自己的优点和不足。因此，要增强自我意识，认识自己的情感、需求和价值观，从而更好地管理自己的情绪和行为。

（5）培养积极心态：积极的心态有助于更好地应对挑战和困难。要学会正面思考，关注问题的解决方案而不是问题本身。同时，要学会欣赏他人的优点和成就，培养感恩之心。

（6）多参加社交活动：社交活动是提升心商的重要途径。通过参加各种社交活动，可以锻炼自己的社交技巧，提高与人交往的能力。同时，可以结交更多志同道合的朋友，拓展自己的社交圈子。

（7）持续学习和成长：心商是可以通过学习和实践不断提高的。因此，要持续学习和成长，不断提高自己的心商水平。可以通过阅读相关书籍、参加培训课程等方式来提升自己的心商。

所以，提升心商需要不断地自我反思、学习和实践。通过不断的努力和改进，逐渐提高自己的心商水平，更好地应对生活中的挑战和困难。

我们来看一个典型案例，从意识到方法全面掌握提升心商的技巧。

张志文是一位年轻的职场新人，初入职场时，他发现自己经常遇到与同事、上司沟通不畅的情况，容易在情绪上失控，导致工作效率低下，甚至影响了团队合作。意识到这些问题后，张志文开始积极寻求提升心商的方法。

心商——比智商、情商更重要的是心商

（1）自我反思与意识觉醒。张志文首先对自己的行为和情绪进行了深入的反思。他发现自己常常因为一些小事情就感到不满，缺乏耐心和理解他人的能力。于是，他决心改变自己，开始关注自己的情绪和态度，并尝试站在他人的角度看问题。

（2）学习与实践。张志文开始阅读关于心商的书籍和文章，了解心商的重要性以及如何提升心商。他学习到了如何控制情绪、提高同理心和有效沟通的技巧。同时，他参加了一些心商培训课程，通过实践来巩固所学知识。

（3）方法应用到实际生活中。在工作中，张志文开始应用所学的心商技巧。他学会了在面对冲突和不满时保持冷静，通过积极倾听和同理心来理解他人的感受和需求。他也更加注重与同事和上司的沟通，努力表达自己的想法和感受，同时尊重他人的意见。

（4）持续反馈与调整。张志文在实施心商提升计划的过程中，不断反思和调整自己的行为。他会向同事和上司征求意见和建议，了解自己的不足并努力改进。同时，他自己始终保持积极的心态，面对困难和挑战时不轻易放弃。

经过一段时间的努力，张志文的心商得到了显著的提升。他变得更加自信、从容和善于沟通，与同事和上司的关系也得到了明显的改善。他的工作效率和团队合作能力也得到了提升，成了公司里备受赞誉的优秀员工。这个案例展示了从意识到方法全面掌握提升心商的过程，也说明了心商是可以通过学习和实践不断提高的。

第八章 心商提升之路是实践

提升心商需要从意识到方法全面的掌握。这包括自我觉察和认知心商的重要性、学习相关的理论知识和技能、将所学应用到实际生活中并不断反思和调整、持续学习和成长并最终内化和外化心商。只有这样，我们才能真正提升自己的心商，并在生活和工作中取得更好的成果。

第九章
迈向高心商：生活的艺术与智慧

我们可以通过保持积极的心态、学会有效地应对压力、保持良好的生活习惯、适量地运动等方式来维持身心健康。而身心健康则是迈向高心商的基石。我们还要学会自爱、自重，并善于寻求家人、朋友包括心理医师的帮助和支持，这些都是我们迈向高心商的必备条件。

第九章 迈向高心商：生活的艺术与智慧

美化人生，优化自我

首先，我们来看一下"美化人生"这一概念。"美化人生"是将美好的元素融入日常生活，提升生活质量和幸福感的概念。这包括欣赏艺术、音乐、文学作品，享受大自然的美景，培养健康的生活方式，建立积极的人际关系，追求个人成长和专业发展等方面。通过塑造美好的生活环境、体验美好的事物和交往美好的人，人们可以在日常生活中感受到幸福、满足和内心的充实。这种积极向上的生活态度有助于提升生活品质，塑造积极向上的人生观，使人们更加享受生活、充实人生。这是一个综合性的过程，这个过程可以包括以下几个方面。

（1）美化语言：通过使用礼貌、友善和尊重的语言，来改善人际关系和沟通效果。这不仅能够增进相互理解和信任，还能够营造和谐的社会氛围。

（2）美化面容：保持面部清洁和自然的微笑，以展现自信和友善。这种面容的美化不仅能够提升个人形象，还能够传递出积极向上的生活态度。

（3）美化行为：通过培养良好的行为习惯和举止，来展现优雅和礼貌。这包括遵守社会规范、尊重他人、关心环境等方面。通过美化行为，人们可以塑造出更加文明、和谐的社会环境。

（4）美化心理：通过调整心态、提升情绪管理能力，以及培养积极向上的心态，来改善心理健康状态。这可以帮助人们更好地应对压力、挑战和困难，提高生活的幸福感和满足感。

"美化人生"是一个包括美化语言、美化面容、美化行为和美化心理等多方面的过程。通过这个过程，人们可以不断提升自己的生活品质、人际关系和心理健康状态，使生活更加美好、充实和有意义。

我们再来看一下"优化自我"这个概念，"优化自我"指的是不断努力提升、改进和发展自身能力、技能和素质的过程。这一概念强调个体在各个方面都可以不断超越现有水平，追求更高效率、更高水准、更高成就。优化自我包括持续学习、不断成长、探索新领域、改进工作方法、加强人际关系等方面，旨在实现个体潜能的最大化，提升生活质量并取得更大的成就。通过积极地追求个人发展和完善，个体可以更好地适应挑战、解决问题，并在"自我"的不断"优化"中实现更加充实和有意义的生活。

优化自我是通过一系列的努力和行动，改进和提升自己的个人状态和能力，以实现更好的自我和更高的生活质量。这个过程可以包括以下几个方面。

（1）时间管理：学习如何有效地管理时间，合理安排日程，提高工作效率，使生活更有条理。

（2）学习和发展：持续学习新知识和技能，提升自己的能力和竞争力，不断追求个人成长和进步。

（3）身心健康：关注自己的身体健康和心理健康，通过锻炼、休息和健康的生活方式，保持身心的平衡和健康。

（4）人际关系：建立良好的人际关系，与他人和谐相处，增进沟通和理解，营造积极的人际关系氛围。

（5）情绪管理：学会有效地管理情绪，控制情绪波动，保持积极的心态和情绪状态。

通过优化自我，人们可以提升自己的综合素质和能力，更好地应对生活中的挑战和抓住机遇，实现更好的自我发展和提高生活质量。优化自我是一个持续的过程，需要不断地自我反思、学习和实践。

由此可见，美化人生和优化自我是一个人不断提升自身素质和追求更高生活质量的过程。美化人生和优化自我都是提升个人状态和能力的过程。心商作为情感和社交能力的体现，对于美化人生和优化自我具有积极的促进作用。拥有高心商的人能够更好地管理自己的情绪，保持积极的心态，从而更好地应对生活中的挑战和困难。这种积极的心态和情绪管理能力可以促进个体在各个方面的发展和提升，进而美化人生和优化自我。

同时，通过美化人生和优化自我，个体也可以提升自己的心商。例如，通过培养良好的行为习惯和举止，个体可以展现出更加文明、和谐的形象，从而提升自己在社交场合的适应能力和人际关系处理能力。这种提升又可以进一步提升个体的心商，形成良性循环。

在这个过程中，我们可以采取以下几种方法美化人生、优化自我。

（1）培养积极的生活态度：积极的生活态度是美化人生的关键。保持乐观、向上的心态，能够更好地应对生活中的挑战和困难。同时，积极的生活态度也能够吸引更多正面的能量和机会。

（2）追求健康的生活方式：健康的生活方式是优化自我的基础。保持规律的作息、健康的饮食、适量的运动，有助于提高身体素质和心理健康。一个健康的身体和良好的心理状态能够让人更好地发挥自己的潜力。

（3）持续学习和成长：学习是提升自我、美化人生的必经之路。通过不断学习新知识和技能，能够不断提高自己的能力和竞争力。同时，学习也能让人保持好奇心和求知欲，让生活更加丰富多彩。

（4）培养良好的人际关系：良好的人际关系能够让人在生活和工作中更加愉快和顺利。与人为善、尊重他人、理解他人，是建立良好人际关系的基础。同时，良好的人际关系也能够提供更多的支持和帮助，让人的生活更加美好。

（5）关注精神层面：除了物质需求，人的精神层面也需要得到满足。通过欣赏艺术、音乐、电影等方式，能够丰富自己的精神世界，提高自己的审美和情感素养。同时，关注精神层面也能够让人更加深入地思考生命的意义和价值。

总之，美化人生和优化自我需要从多个方面入手，包括积极的心态、健康的生活方式、持续学习、良好人际关系以及关注精神层面等。只有这样，才能够真正地提升自身素质，追求更高质量的生活。

第九章 迈向高心商：生活的艺术与智慧

自我建设：心商提升的基石

在当今快速变化的社会中，心商已经成为一个人成功与否的重要因素。心商是指一个人的心理智能商数，包括自我认知、情绪管理、自我激励、心理韧性、适应性成长、健康生活方式和人际关系建设等方面的能力。

自我建设是心商的基石，意味着个体通过不断地学习、成长和改进自己，提升自我意识、情商、决策能力和人际关系等各个方面的素质和能力。这种通过自我建设不断完善自己的过程，能够帮助个体更好地理解自己、适应环境、树立目标并实现它们，从而更加成功地面对各种挑战。因此，自我建设可以被视为心智素质的基础，是一个人取得成功和幸福的重要前提。

自我建设涉及对自己情绪的认知、调控和管理。高心商的人往往能够更好地理解和管理自己的情绪，从而在面对挑战和困难时保持冷静和理智。这种情绪管理能力是心商的重要组成部分，也是自我建设的关键目标之一。

在了解自己的优点和不足之后，明确自己的价值观和目标，有助于个体在人际交往和情绪管理中做出更明智的决策。自我认知是心商的基础，

心商——比智商、情商更重要的是心商

因为它为个体提供了认识自己、理解自己和改善自己的起点。

另外，自我建设是一个持续不断的过程，涉及自我提升、自我完善和自我成长。通过不断地学习和成长，个体可以学到更多的知识和提升技能，进而提高自己的心商。这种自我成长的态度和行为是心商发展的重要保障。

积极的心态对于提升心商至关重要。自我建设鼓励个体培养积极、乐观的心态，面对生活中的挑战和困难时保持信心和勇气。这种积极心态有助于个体更好地应对压力、逆境和人际交往中的复杂情况，提高心商水平。

自我建设作为心商的基石，通过提升情绪管理能力、增强自我认知、促进自我成长和培养积极心态，为个体在情感和社交方面的发展提供了坚实的基础。通过自我建设，个体可以不断提升自己的心商水平，实现更加全面、均衡的发展。

通过自我建设来获得更好的人生是一个综合而持续的过程。以下是一些具体的例子，展示了如何通过自我建设在不同方面改善生活。

（1）情绪管理。

在一个普通工作日的早晨，阳光透过窗帘的缝隙，斑驳地洒在卧室的地板上。李梅，一个平日里总是容易焦虑的人，缓缓地睁开了眼睛。她习惯性地拿起手机，查看昨晚是否有未回复的消息或未处理的工作任务。

尽管昨晚她很晚才结束工作，但心里还是隐隐不安，担心自己是否遗漏了什么重要的事情。这种担忧就像一块沉重的石头，压在她的心头，让她无法真正放松下来。

起床后，李梅开始准备早餐。她一边煮着鸡蛋，一边在心里默默计划着接下来这一天的工作安排。然而，即使是这些看似微不足道的琐事，也能让她感到烦恼。她会反复思考早餐的搭配是否合理，鸡蛋煮的时间是否恰当，甚至担心自己是否因为吃得太饱而影响工作效率。

吃完早餐，李梅匆匆赶往公司。在路上，她会不由自主地关注周围的每一个细节，比如路上的行人、路边的花草，甚至是天空中的云彩。这些看似无关紧要的事物，却能在她的脑海中引发一连串的担忧和联想。她会担心自己是否会遇到熟人却没有打招呼，会担心路边的花草是否因为环境污染而枯萎，甚至担心天空中的云彩是否预示着即将来临的坏天气。

到了公司，李梅开始了一天的工作。她试图去调节自己的情绪，但总是难以集中注意力。她的脑海中不断闪现出各种可能出现的问题和困难，让她无法安心地完成手头的工作。她会反复检查文件是否有误，会不断询问同事的意见和建议，以确保自己的工作万无一失。

午餐时间，李梅和同事们一起用餐。她试图放松自己，但还是会不自觉地担心自己是否说得太多或太少，是否给大家留下了不好的印象。她会反复回想自己的言行举止，试图找出其中的不足之处。

下午的工作依然忙碌而紧张。李梅努力调整自己的心态，试图让自己更加放松和自信。然而，焦虑的情绪却像一股暗流，悄悄地在她的心底涌动。她会在心里默默地告诉自己："不要紧张，不要焦虑，一切都会好起来的。"但这样的自我安慰似乎并不能完全消除她内心的忧虑。

终于熬到了下班时间，李梅长舒了一口气。她收拾好东西，准备回家。然而，即使是在回家的路上，她也无法完全放松下来。她会担心家里的宠物是否安好，会担心晚餐的准备是否充分，甚至担心晚上是否有突如其来的工作任务打扰她的休息。

这样的日子对于李梅来说已经成为常态。她深知焦虑情绪给自己带来了很多不必要的烦恼和压力，但她却无法摆脱这种情绪的困扰。她希望能够找到一种方法来缓解自己的焦虑，让自己能够更加轻松地面对生活中的挑战和困难。

李梅是一个容易焦虑的人，常常因为小事情而感到烦恼。她终于下定决心，决定通过自我建设来提升自己的情绪管理能力。她学习了冥想和呼吸练习，以帮助自己在面对压力时保持冷静。此外，她还定期参加情绪管理工作坊，学习如何更有效地处理负面情绪。

通过自我建设，李梅现在能够更好地控制自己的情绪，避免冲动行为。她的心态更加积极，与人交往也更加和谐，这为她创造了一个更加愉快和成功的生活环境。

（2）自我认知。

李颖站在办公室的窗前，凝视着远方的高楼大厦，她回想起自己刚入职时的情景，面对复杂的项目，她总是手忙脚乱，而同事们却能游刃有余地处理各种问题。在团队会议上，她也总是默默坐在角落，不敢发表自己的意见，生怕被嘲笑或者否定。这种自卑感像一块沉重的石头，压得她喘不过气来。

然而，李颖并没有选择继续沉沦在自卑的泥潭中。她决定采取行动，开始进行自我建设。她利用业余时间阅读各类书籍，学习新的知识和技能，提升自己的能力。同时，她也开始关注自己的内心世界，深入了解自己的优点和不足。

她发现,自己虽然在工作能力和人际交往方面有所欠缺,但却有着一颗善良、真诚的心。她乐于助人,总是愿意帮助同事解决困难;她善于倾听,能够理解他人的感受和需求。这些优点虽然不像工作能力那样直观,但却同样重要。

李颖开始尝试在工作中发挥自己的优点。她主动承担一些需要团队合作的任务,用真诚和耐心去感染和带动同事。她也不再害怕发表自己的意见,而是勇敢地表达自己的看法和建议。

随着时间的推移,李颖的变化逐渐显现出来。她的工作能力得到了提升,同事们也开始认可和尊重她。她不再是一个默默无闻的小透明,而是成了一个充满自信、敢于担当的优秀员工。

站在窗前,李颖深吸了一口气,感受着内心的变化。她知道,自我建设是一条漫长而艰辛的道路,但她愿意一直走下去,直到自己变得更加优秀、更加自信。

通过自我建设,李颖增强了自己的自信心,发现了自己的独特价值。她在工作中取得了更大的成就,也为自己的生活增加了更多的动力和乐趣。

(3)自我成长。

我们举一个案例。卧室里,王添坐在计算机前,浏览着各种网络资源。他的目光被一篇关于编程改变世界的文章吸引。文章中的例子让他深感震撼,他开始想象自己也能通过编程创造出有趣和有用的东西。王添的手指在键盘上轻轻敲击,心中涌起一股强烈的冲动——他想要学习编程。

在图书馆里，王添坐在安静的一角，手里拿着几本编程入门的书籍。他翻开书页，试图按照书中的指导操作，但很快就发现自己对很多基本概念一无所知。他意识到，自己虽然有热情，但缺乏必要的知识和技能。这一刻，他下定了决心，要进行自我建设，弥补这些不足。

王添的书房里，计算机屏幕上显示着各种在线编程课程的介绍。他认真地浏览每一个课程，比较课程内容、老师资质和学员评价。最终，他选择了一门口碑很好的Python入门课程。他点击了"报名"按钮，脸上露出了坚定的笑容。他知道，这是自己迈向编程世界的第一步。

每个清晨，王添都会早早地起床，坐在书桌前打开计算机，开始新一天的编程学习。他一边听课一边记笔记，遇到不懂的地方就反复观看视频讲解或者查阅相关资料。晚上，他会抽出时间进行实践练习，编写一些小程序来巩固所学知识。他的房间里充满了键盘敲击声和思考的气息。

一个周末的下午，王添登录了一个编程社区网站。他在论坛上浏览着各种编程话题和讨论，不时地点赞和留言。当他看到一个关于Python编程技巧的帖子时，忍不住回复了自己的看法和经验。很快，就有网友回复了他的帖子，他们围绕着编程技术展开了热烈的讨论。王添很高兴，因为他知道自己在社区中找到了志同道合的伙伴。

几个月后，王添成功地完成了一个简单的网页开发项目。他在社区中分享了自己的成果，并得到了很多网友的点赞和评论。这些正面的反馈让王添感到非常兴奋和自豪，他知道自己已经在这个领域取得了突破。他更加坚定了自己的信心，继续努力学习和探索新的编程领域。

这是一个通过自我建设逐渐掌握了编程技能，并在工作中得到了应用的案例。王添的职业发展取得了显著的进步，也为自己的生活增添了更多的乐趣和满足感。

（4）积极心态。

赵瑾在面对生活、工作的挑战时常常感到沮丧和失望。为了改变这种心态，她开始进行自我建设，培养积极的心态。

赵瑾坐在温馨的客厅里，手里拿着一封来自工作单位的信件，信件中提到了她最近项目中出现的失误。她眉头紧锁，心情沉重。窗外阳光明媚，但她的内心却像被乌云笼罩，充满了沮丧和失望。

她靠在沙发上，回想起自己以前在面对类似挑战时，总是陷入消极的情绪中无法自拔。她意识到，这种心态不仅影响了她的工作，还让她失去了很多生活的美好。

赵瑾决定不再让消极情绪占据她的生活。她开始进行自我建设，决定培养一种积极的心态。她在网上搜索了一些关于积极心态的资料，还参加了一些相关的线上讲座和课程。

一个清晨，赵瑾醒来后坐在床边，深吸了一口新鲜的空气。她闭上眼睛，开始回想自己生活中值得感恩的事情：健康的身体、温暖的家庭、稳定的工作……这些平凡而美好的事物，以前她从未真正留意过。

她决定每天醒来后都这样做，让自己意识到生活中有那么多值得珍惜的东西。这种感恩的心态逐渐让她感到内心充满了力量和希望。

周末的午后，赵瑾漫步在公园的小道上。她仔细观察着周围的景色：

盛开的花朵、欢快的鸟鸣、孩子们无忧无虑的笑声……她发现，原来生活中有那么多美好的事物等着她去欣赏。

她开始用心去感受这些美好，甚至用手机拍下来作为纪念。每当她感到沮丧时，就会翻看这些照片，让自己重新找回对生活的热爱和信心。

一天，赵瑾在工作中再次遇到了一个棘手的问题。她没有像以前那样陷入消极的情绪中，而是选择用积极的心态去面对。她冷静下来，分析问题的根源，并寻求同事和领导的帮助。

在大家的共同努力下，问题得到了圆满的解决。赵瑾感到非常欣慰，她知道自己已经学会了以积极的方式应对困难和挑战。这种积极的心态让她变得更加自信和坚韧，也让她在生活和工作中取得了更多的成就。

通过自我建设，赵瑾的心态变得更加积极和乐观。她能够更好地应对生活中的挑战，同时更加珍惜和享受生活中的美好时光。这种积极的心态为她的生活带来了更多的幸福感和满足感。

以上这些例子展示了如何通过自我建设在情绪管理、自我认知、自我成长和积极心态等方面获得更好的人生。通过不断地自我建设和提升，个体可以更好地应对生活中的挑战和机遇，创造更加美好和成功的人生。

第九章　迈向高心商：生活的艺术与智慧

逆水行舟：挑战与成长

　　逆水行舟是一种比喻，描述了在困难和挑战面前坚持不懈、勇往直前的精神。它是一种象征着毅力、勇气和决心的意象。在每个人的人生中，都需要有一种"逆水行舟"的精神。

　　"逆水行舟"的精神指的是在人生中面对困难和挑战时，不仅不退缩，反而迎难而上，以积极和坚定的态度去克服障碍，实现自己的目标。这种不屈不挠、勇往直前的精神，是人生中取得成功和成长的重要动力。

　　以下是一个具体的例子，展示了人生需要"逆水行舟"的精神。

　　如果你是一位创业者，正面临一个巨大的挑战：要在竞争激烈的市场中推出一款全新的产品。这不仅涉及大量的市场调研、产品设计和开发，还需要筹集资金、组建团队，并应对各种可能出现的风险和不确定性。面对这样的挑战，许多人可能会感到焦虑、退缩，甚至放弃。

　　然而，具有"逆水行舟"精神的人会如何看待这个挑战呢？

　　首先，我们作为具有"逆水行舟"精神的人会认识到这是一个机遇，一个能够锻炼自己、提升自己能力的机遇。我们会将这个挑战视为一个成长的机会，而不是一个障碍。

　　其次，我们会积极地去应对这个挑战。我们会投入大量的时间和精力

心商——比智商、情商更重要的是心商

进行市场调研，了解用户需求和市场趋势；我们会与团队成员紧密合作，共同设计和开发产品；我们会积极寻找投资者和合作伙伴，为产品的推出提供必要的支持。

在这个过程中，我们也可能会遇到各种困难和挫折，但我们不会轻言放弃。相反，我们会以更加坚定的决心和更加努力的态度去面对这些困难，不断地调整和优化自己的策略和方法，直至最终实现我们的目标。

这种"逆水行舟"的精神不仅能够帮助我们在创业过程中取得成功，也能够应用于生活的其他方面。无论是学习、工作还是人际关系，都需要我们有这种勇于面对困难、敢于挑战自我的精神。只有这样，才能在人生的航程中逆水而上，不断前进，实现我们的目标和梦想。

大家看一下，这个"逆水行舟"的精神实际上就是我们每个人面对挑战时的态度。

心商是个体在面对困难、压力和挑战时所展现出的心理素质和应对能力。心商高的人通常能够更好地面对挑战，这主要得益于我们具备的一系列积极心理特质和应对策略。

我们先来看一个案例，林华是一个在企业界享有盛誉的高级经理，以其卓越的领导力和处理复杂问题的能力而闻名。无论面对什么样的困难和挑战，他总是能够保持冷静，采取有效的策略，带领团队走向成功。林华的这种能力，正是他高心商的体现。

有一次，林华的公司面临一次重大的危机，一个主要客户的项目出现了严重的问题，导致公司可能面临巨大的经济损失和声誉损失。在这种情况下，许多员工都感到恐慌，不知道如何应对。然而，林华却展现出了他

高心商的一面。

在繁华的都市中，林华的公司在一栋高层写字楼的顶层，窗外的霓虹灯与天际线交相辉映，但此刻，办公室内的氛围却异常凝重。

一天，一封来自主要客户的紧急邮件在公司内部引起了轩然大波。邮件中详细说明了他们与林华公司合作的一个重要项目出现了问题，不仅项目进度严重滞后，而且技术上也存在重大缺陷。如果这个问题得不到及时解决，公司将面临巨大的经济损失，同时声誉也将受到严重损害。

当这个消息传开后，整个办公室都陷入了一片恐慌之中。员工们交头接耳，议论纷纷，有些人甚至开始担心自己的饭碗是否保得住。在这种压力之下，大家都显得手足无措，不知该如何应对。

然而，在这关键的时刻，林华却展现出了他高心商的一面。他深知，作为公司的领导，自己必须保持冷静和理智，才能带领大家共同渡过这个难关。

林华召集了公司的高层管理团队，举行了一次紧急会议。在会议上，他首先安抚了大家的情绪，表示问题虽然严重，但并非无法解决。接着，他详细地分析了问题的根源和可能的解决方案，并提出了一个详细的应急计划。

在计划的实施过程中，林华亲自负责协调各个环节的工作，确保每个部门都能够按照计划有序地推进。同时，他还积极与客户沟通，解释公司的立场和解决方案，并争取到了客户的理解和支持。

在林华的带领下，整个公司展现出了前所未有的凝聚力和战斗力。大家齐心协力，共同面对挑战，最终成功地解决了项目中的问题，并赢得了客户的赞誉和信任。

经过这次危机，林华在公司内部的威望更加稳固，员工们也更加敬佩他的领导能力和心理素质。他用自己的实际行动证明了高心商的重要性，也为公司树立了一个典范。

工作、生活中总会遇到不可预见的变化和挑战，我们需要根据实际情况调整自己的策略和方向，灵活应对。这样的适应能力能够帮助我们更好地应对变化，抓住机遇，不断成长。

勇气和冒险精神也是"逆水行舟"不可或缺的品质。面对未知和困难，我们要有敢于尝试的勇气和冒险精神。只有敢于冒险，才有可能突破自我，发现新的可能性，取得更大的成就。

此外，明确的目标和追求也是提升心商的关键。只有明确自己的目标和追求，才能在困难和挑战面前保持清醒的头脑，减少不必要的困扰和迷茫，始终坚持自己的方向。

所以，"逆水行舟"精神象征着挑战、成长和进步。它需要我们具备坚定的决心和毅力、灵活性和适应能力、勇气和冒险精神以及明确的目标和追求。

第九章 迈向高心商：生活的艺术与智慧

与自己和解，寻求内心平衡

与自己和解，寻求内心平衡，是人生中一个重要的课题。在面对自己的不足、过去的伤痛和未来的不确定性时，我们往往容易陷入自我否定、焦虑和迷茫的情绪中。为了更好地生活和发展，我们需要学会与自己和解，寻求内心的平衡。

但是，并不是所有人都能够与自己和解，我们看一个无法与自己和解的事例。

李娜是一位才华横溢的画家，她的作品充满了深刻的情感。然而，她一直无法与自己和解，导致她的艺术生涯和个人生活都陷入了困境。

李娜的问题在于，她对自己的作品总是持有极高的期望和要求。每当她完成一幅作品，总会找出各种不满意的地方，觉得自己没有达到理想中的完美状态。这种不满和批评不断累积，让她对自己的能力产生了怀疑，甚至对自己的艺术追求产生了动摇。

尽管周围的人都对她的作品赞不绝口，认为她已经非常出色，但李娜总是无法接受这些正面的反馈。她坚信自己的作品还有巨大的改进空间，每次展出的作品都只是暂时的、不够成熟的产物。这种不断自我否定的态度让她的创作过程变得越来越痛苦和艰难。

因为无法与自己和解，李娜的创作陷入了停滞状态。她不再享受绘画带来的乐趣，而是将其视为一种负担和折磨。她的作品质量逐渐下降，她也逐渐失去了对艺术的热爱和激情。

更糟糕的是，这种无法与自己和解的心态也影响了李娜的日常生活。她变得沮丧和失落，经常陷入深深的自我怀疑和否定中。她开始回避社交，变得越来越孤立和封闭。李娜因为无法接受自己的不足和缺点，不断对自己施加压力和否定，最终导致了她的艺术生涯和个人生活的崩溃。

这个案例展示了无法与自己和解可能带来的严重后果。它提醒我们，学会与自己和解是保持心理健康和创造力的重要前提。只有当我们真正接受自己的不足并珍视自己的价值时，才能拥有更自由、更快乐的内心空间，实现自我成长和发展。

学会与自己和解是一个重要的心理过程，它有助于我们建立积极健康的自我形象和情绪状态，提高个人的生活质量和幸福感。以下是为什么我们应该学会与自己和解的几个原因。

（1）减少内心冲突：当我们与自己内心存在矛盾和不满时，往往会经历内心的挣扎和痛苦。学会与自己和解可以帮助我们放下遗憾、错误或痛苦经历，从而减少内心的冲突和不安。

（2）提高自尊和自信心：当我们能够接纳自己、欣赏自己的优点和成就时，自尊和自信心会得到提升。这种积极的自我认知有助于我们在人际交往和事业发展中表现得更加自信和有魅力。

（3）促进个人成长：学会与自己和解意味着我们能够正视自己的不足，从中吸取教训并努力改进。这种自我反思和成长的态度有助于我们不断进步和发展。

（4）改善心理健康：与自己内心保持和解有助于减少焦虑、抑郁等负面情绪，增强心理韧性和适应能力。这种健康的心理状态有助于我们更好地应对生活中的挑战和压力。

王磊是一个雄心勃勃的年轻人，他在一家知名互联网公司担任项目经理。他工作努力，追求卓越，总是希望能为公司带来最大的价值。然而，在最近的一次重要项目中，王磊遭遇了巨大的挫败。

这个项目是公司的重点项目，王磊作为项目经理承受了巨大的压力。然而，由于一些无法预见的因素，项目进展不如预期，最终未能达到公司的期望。王磊因此受到了批评，甚至面临被解雇的风险。

这次挫败对王磊打击很大。他开始怀疑自己的能力，觉得自己辜负了公司的信任。他陷入了自责和焦虑的情绪中，无法自拔。很快，王磊意识到，如果继续这样下去，他不仅无法走出困境，还可能对自己的身心健康造成严重影响。于是，他决定开始与自己和解。

他首先接受了自己的失败，不再过分苛责自己。他明白，失败是每个人都可能经历的，这并不代表他就此止步。然后，他开始反思自己在项目中的不足，并从中汲取教训。他发现自己的问题主要在于对风险的评估和控制不够到位，以及与团队成员的沟通不够充分。

在认识到这些问题后，王磊开始采取行动。他主动寻求他人的帮助和建议，学习如何更好地管理项目和团队。同时，他也调整了自己的心态，不再过分追求完美，而是学会了在过程中寻找问题和解决问题。

经过一段时间的努力，王磊逐渐走出了失败的阴影。他重新找回了自信，并在接下来的工作中取得了不错的成绩。这次经历让他更加明白，与自己和解并不是放弃追求，而是在面对困境时能够保持平和的心态，积极面对并努力改进。

这个案例展示了如何通过与自己和解来克服职场挫败。王磊通过接受失败、反思不足并采取行动，最终走出了困境并实现了自我成长。这个过程不仅提升了他的职业能力，也增强了他的心理韧性和适应能力。

那么，我们怎么做才能够与自己和解呢？

一是接受自己的不完美是关键。没有人是完美的，每个人都有自己的优点和不足。接受自己的不完美意味着不再苛求自己，不再为了追求完美而过度焦虑和沮丧。通过自我接纳，我们可以更好地认识自己，发现自己的潜力和可能性。

二是放下过去的伤痛也是必要的。过去的伤痛和经历可能会对我们产生负面影响，阻碍我们前进。学会放下过去的伤痛，意味着不再让过去的阴影影响现在和未来。通过积极的心理调适和寻求专业帮助，我们可以逐渐走出过去的阴影，迎接新的生活。

另外，减少过多比较和急躁心理也是重要的。与他人比较往往会让我们产生焦虑和失落感，影响自我认可和自信心。减少过多比较，关注自己的成长和发展，可以帮助我们更好地认识自己，建立积极的自我形象。同时，保持平和的心态，不追求快速成功和即时回报，可以让我们更加专注于自己的目标，稳步前行。

三是寻求内心平衡需要我们关注身心健康。身体健康是心理健康的基础，通过合理饮食、适量运动和良好的睡眠，我们可以保持身体健康和充沛的精力。同时，心理健康同样重要，通过心理咨询、冥想等放松身心的方式，我们可以缓解压力、改善情绪，保持内心的平衡。

总之，与自己和解，寻求内心平衡是一个长期的过程。通过接受自己的不完美、放下过去的伤痛、减少过多比较和急躁心理，以及关注身心健康等方式，我们可以更好地认识自己、发展自己，实现内心的平衡和成长。在这个过程中，我们需要耐心和毅力，不断调整自己的心态和行为，逐步走向更加美好的未来。

第十章
心商生存之道：探索与启示

心商——比智商、情商更重要的是心商

　　心商生存之道是一个探讨如何提升心理智能、优化心理素质、实现自我成长和内心平衡的课题。在这个充满挑战和变化的世界中，拥有高心商的人往往能够更好地应对压力、把握机遇，实现个人和事业的持续发展。

　　通过积极面对挑战、持续学习和成长、建立良好的人际关系、关注内心平衡以及具备创新思维和创造力等方式，我们可以不断提升自己的心商水平，更好地应对生活中的挑战和把握机遇。在这个过程中，我们需要保持开放的心态、勇敢地探索和实践，不断追求卓越和创新。

心商：新的符号与要素

心商是一个新的概念，被视为辅助人类个体实现自我的一个新符号，也是个人文化心理结构的一个新要素。它涉及人的心理智能和心理素质，是东西方精神文化的一个新发现，也是对人性多元说的一次探索。这个概念涉及人对自我认知的观念性突破，与智商、情商构成人生发展的金三角。

请注意，不同的人对心商有不同的解读，其意义可能随着情境的变化而有所差异。因此，理解这个概念需要从多元的视角和丰富的背景中去探索。心商之所以被视为一个新的符号和要素，主要基于以下几点原因。

（1）心商理论的提出，突破了传统的智商和情商的框架，引入了一个新的维度来评估和理解人的综合素质。我们用一个案例来具体认识一下这个概念。

职场人士李明在一家大型跨国公司担任项目经理。李明的智商和情商都很高，他在工作中表现出色，深受领导和同事的赞赏。然而，在最近的一次重大项目中，他遇到了前所未有的挑战。项目的进度严重滞后，团队成员士气低落，客户也开始表达不满。面对这种情况，李明感受到巨大的压力，他的情绪管理能力受到了严峻的考验。

在这个关键时刻，李明的心商发挥了重要作用。他首先调整了自己的心理时空，将注意力从问题本身转移到寻找解决方案上。他明白，抱怨和焦虑无助于解决问题，只会让情况变得更糟。因此，他选择保持冷静和理性，以积极的心态去面对挑战。

在思维方式方面，李明运用了批判性思维和创造性思维。他分析了项目失败的原因，识别出关键问题所在，并提出了一系列创新性的解决方案。他鼓励团队成员提出自己的想法和建议，充分利用团队的智慧和资源。

在情绪管理方面，李明学会了自我调节和情绪控制。他通过深呼吸、冥想等方法来缓解压力，保持情绪稳定。与此同时，他也关注团队成员的情绪状态，及时给予关心和支持，提升团队的凝聚力和士气。

心理韧性是李明的另一个突出优点。面对困难和挫折，他从不轻言放弃，而是坚持不懈地努力寻找解决问题的方法。他相信，只要自己和团队不放弃，就一定能够克服困难，成功地完成项目。

最终，在李明的带领下，团队成员克服了困难，项目成功地按期交付。客户对项目的结果表示非常满意，公司的领导也对李明的表现给予了高度评价。这个项目的成功，不仅提升了李明的职业地位，也让他体验到了成功的喜悦和幸福感。

这个案例充分展示了心商在个体成功和幸福中的重要性。李明的心理时空调整、批判性思维方式、情绪管理能力和心理韧性等心商要素共同作用于他的行为决策和应对策略，帮助他在面对挑战时保持冷静、理性、坚韧和创新，最终实现了项目的成功。这个例子也说明了心商的提升对于个体的成长和发展具有重要意义。

（2）心商也反映了东西方文化的融合和互补。当谈到心商时，我们不仅要关注其理论层面，还要看到它在实际生活中的应用，特别是如何体现东西方文化的融合和互补。

一家国际公司正在进行一个重要的跨文化团队合作项目，团队成员来自不同的国家和地区，包括中国、美国、印度和欧洲部分国家。由于文化背景和工作习惯的差异，团队成员在项目初期出现了沟通障碍和误解。

在这个案例中，心商的高低直接影响到团队的协作效率和项目的成功与否。特别是东西方文化的融合和互补，成为团队成员需要面对和解决的问题。我们从以下四个角度来分析。

第一，自我认知的角度。团队成员需要意识到自己的文化背景和价值观对沟通和工作方式的影响。具有高心商的人能够清晰地认识自己的优点和缺点，并对自己的定位和未来规划有明确的认识。在这个项目中，团队成员开始反思自己的沟通方式，并尝试从对方的角度去理解和接受不同的工作方式。

第二，自我控制的角度。团队成员需要控制自己的情绪和反应，尤其是在出现误解和冲突时。具有高心商的人能够自我管理、自我调节和自我激励。在这个项目中，当团队成员之间出现分歧时，他们能够保持冷静，通过有效的沟通和协商来解决问题。

第三，社交意识的角度。团队成员需要意识到不同文化背景下的社交规则和礼仪，以便在跨文化沟通中更加得体和有效。具有高心商的人能够适应不同的社交场合，与不同的人建立良好的关系。在这个项目中，团队成员开始学习和尊重彼此的文化差异，采用更加包容和开放的沟通方式。

第四，情感管理的角度。团队成员需要管理自己的情绪和理解他人的情感，以建立和维护良好的人际关系。具有高心商的人能够做到自我情感控制、情感表达、情感理解和情感调节。在这个项目中，团队成员学会了倾听和关心彼此的感受，通过情感交流来增进理解和信任。

这个案例展示了心商在跨文化团队合作中的重要性，以及东西方文化在心商中的融合和互补。通过提高自我认知、自我控制、社交意识和情感管理能力，团队成员成功地克服了文化差异带来的挑战，实现了有效的团队合作和项目成功。这也证明了心商作为一个新的符号和要素，在现代社会中具有越来越重要的作用。

（3）在现代社会中，人们面临越来越多的挑战和压力，不仅影响人们的物质生活，也影响人们的精神世界。心商理论的提出，为人们提供了一种新的方法和工具来应对这些挑战和压力，提升了人的综合素质和应对能力。

因此，心商作为一个新的符号和要素，不仅拓宽了我们对人的认识和理解，也为我们提供了新的方法和工具来应对现代社会中的挑战和压力。

第十章 心商生存之道：探索与启示

构建健全的心商结构

构建健全的心商结构是一个综合性的过程，涉及多个方面的发展和提升。以下是一些构建健全的心商结构的建议。

（1）深化自我认知：了解自己的优点、不足、价值观和目标，是构建健全心商结构的基础。通过反思、自我评估和接受他人反馈等方式，不断深化自我认知，有助于更好地规划和实现个人发展。

这一观点可以通过以下案例来进一步阐述。

赵雷是一名年轻的职场新人，刚加入一家大型企业。他充满热情，但对自己的定位和发展方向并不清晰。初入职场，他面临多方面的挑战，包括与同事的沟通、工作的压力以及个人职业规划等。

第一步：自我认知。赵雷意识到，要在职场中取得成功，首先需要了解自己。他开始进行自我反思，试图明确自己的优点和不足。他发现自己的优点是勤奋、细心和有责任心，但缺点是过于谨慎，缺乏自信。

第二步：澄清价值观。在深入思考后，赵雷明确了自己的价值观。他认为，工作不仅是为了赚钱，更重要的是实现自我价值和社会价值。他希望能够在一个有挑战和发展空间的环境中工作，为社会做出贡献。

第三步：目标设定。基于自我认知和价值观的澄清，赵雷设定了明确的职业目标。他希望在未来三年内晋升为项目经理，并在专业领域取得一定的成就。同时，他也设定了个人成长目标，如提高沟通能力、增强自信心等。

第四步：计划行动。为了实现目标，赵雷制订了一系列行动计划。他主动参加公司组织的培训项目，提高自己的专业技能；同时，他也加入了一些社交团体，拓展人际关系，提高沟通能力。

第五步：持续反思与调整。在实施行动计划的过程中，赵雷始终保持自我反思和调整。他定期回顾自己的表现，总结经验教训，并根据实际情况调整目标和行动计划。

经过一段时间的努力，赵雷取得了显著的进步。他的沟通能力得到了提高，自信心也增强了不少。更重要的是，他对自己的优点和不足有了更加清晰的认识，对自己的职业发展方向也更加明确。这一案例充分说明了了解自己的优点、不足、价值观和目标对于构建健全心商结构的重要性。只有了解自己，才能找到适合自己的发展方向，制订有效的行动计划，并在实践中不断调整和完善。同时，这也体现了心商中自我认知、自我管理和自我发展的重要性。

（2）提升情绪管理能力：情绪管理是心商的重要组成部分。通过学习情绪调节技巧、培养同理心和增强自我控制能力，我们可以更好地管理自己的情绪，保持良好的心态和积极的人际关系。

（3）强化自我激励：自我激励是推动个人成长和实现目标的重要动力。通过设定明确的目标、培养自信心，我们可以激发自己的内在动力和积极性，克服困难和应对挑战。

（4）增强心理韧性：心理韧性是指面对挫折和逆境时，能够迅速恢复和适应的能力。通过培养乐观心态、学会应对压力和寻求社会支持，我们可以提高心理韧性，更好地应对生活中的挑战。我们还是以一个案例来说明。

李华是一名年轻的创业者，拥有一家小型科技公司。尽管公司规模小，但李华凭借出色的创意和勤奋的工作，使公司在市场上很快崭露头角。然而，创业的道路从来不是一帆风顺的，李华和他的公司也面临各种挑战和困难。

举个例子。李华公司的会议室里，桌子上摆满了投标文件和各种图表。此刻，所有员工都紧张地注视着前方的大屏幕，上面正显示着投标结果的实时更新。

随着主持人宣布最后的结果，原本就紧张的气氛瞬间凝固。李华的公司由于经验不足和竞争对手的强大实力，未能成功中标。李华的心沉到了谷底，他清楚这次投标对公司的重要性，它直接关系到公司未来几个月甚至几年的发展前景。

会议结束后，李华独自坐在办公室里，望着窗外的繁忙街道，思绪万千。他知道，这次失败不仅给公司带来了经济上的损失，更重要的是它打击了员工们的士气。资金短缺的压力已经让公司举步维艰，而员工的流失更是雪上加霜。

过去几个月里，为了这次投标，他带领团队加班加点，精心准备。他们仔细研究市场需求、分析竞争对手的策略、设计独特的方案……然而，所有的努力似乎都在这一刻化为泡影。

李华叹了口气，他知道自己不能沉浸在失败的痛苦中。他必须振作起来，面对眼前的困境。他开始思考如何调整策略、寻找新的机会、筹集资金、稳定员工队伍……每一个问题都让他感到前所未有的压力。

第二天，李华召集了公司的核心团队，进行了一次深入的分析和讨论。他首先反思了自己，并鼓励大家从失败中汲取教训，积极寻找解决问题的方法。

在团队的共同努力下，他们重新审视了公司的经营策略和市场定位。他们发现，之前过于依赖单一客户和市场，导致公司在面对风险时缺乏足够的抵御能力。于是，他们开始寻找新的市场机会，拓展多元化的客户群体。

同时，李华也加强了与客户的沟通和合作。他亲自拜访了之前合作过的客户，了解他们的需求和反馈，寻求进一步的合作机会。他还带领团队参加行业内的各种展会和论坛，积极与潜在客户建立联系。

在团队建设和内部管理上，李华也进行了改进。他鼓励团队成员之间相互协作、共同进步，建立了更加紧密的团队关系。他还加强了对员工的培训和激励，提高了员工的积极性和忠诚度。

随着时间的推移，公司的经营状况逐渐好转。新的客户不断加入，市场份额逐渐增加，员工们也变得更有信心和活力。这一切都离不开李华在面对挫折和逆境时展现出的出色心理韧性和积极应对的措施。

经过一段时间的努力，李华的公司逐渐走出了低谷。他们成功地获得了新的项目合作机会，公司的财务状况也得到了改善。更重要的是，李华和他的团队在面对挫折和逆境时，不仅没有被击垮，反而变得更加团结和坚强。他们学会了如何在逆境中保持冷静和理智，如何快速调整策略以适应市场变化。

这个案例充分展示了心理韧性在面对挫折和逆境时的重要性。李华正是凭借这种心理韧性，才能在困境中迅速恢复和适应，并带领公司走出低谷。这也说明了心理韧性对于个人和组织的成长和发展具有关键性的作用。在面对困难和挑战时，拥有强大的心理韧性的人或组织，往往能够更快地找到解决问题的方法，并在逆境中获得成长和突破。

总之，构建健全的心商结构是一个持续的过程，需要我们在多个方面进行努力和发展。通过深化自我认知、提升情绪管理能力、强化自我激励、增强心理韧性、促进适应性成长、培养健康生活方式以及建立良好的人际关系等方式，我们可以不断提升自己的心商水平，以更好地应对生活、工作中的各种挑战。

提升生存的核心能力

在全球化时代，应对挑战、把握机遇，需要新的思维方式。信息知识社会显示了建设个人能力结构时代的到来，与此同时，生存的核心能力可以被视为一系列关键的技能和素质，这些技能和素质使人们能够在各种环境中有效地应对挑战、解决问题，并持续地发展和进步。以下是一些关键的生存核心能力。

（1）适应能力：是生存的核心能力之一。适应能力强的人能够在不断变化的环境中迅速调整自己的行为和策略，以适应新的挑战和机会。这种能力不仅包括对环境变化的适应，还包括对人际关系、工作压力、生活变化等方面的适应。

（2）问题解决能力：在面对问题时，能够有效分析、找出解决方案，并付诸实践。这需要批判性思维、创新思维和决策能力的支持。

（3）沟通能力：无论是在工作还是生活中，有效的沟通都是至关重要的。良好的沟通能力可以帮助人们理解他人的需求和想法，同时能让他人理解自己，从而建立有效的人际关系。

（4）团队合作能力：在现代社会中，几乎所有的任务都需要团队合作来完成。因此，团队合作也是生存的核心能力之一。这包括与他人协作、分享信息、解决冲突等能力。

（5）自我管理能力：包括时间管理、情绪管理、压力管理等方面。自我管理能力强的人能够更好地掌控自己的生活和工作，从而提高效率和满意度。

（6）持续学习能力：在不断变化的世界中，持续学习是保持竞争力的关键。这包括对新知识的渴望、对新技能的学习，以及将所学应用于实践的能力。

这些能力共同构成了生存的核心能力，帮助人们在面对挑战和变化时保持稳健和进步。然而，需要注意的是，这些能力的重要性和适用性可能会因个人情况、社会环境等因素而有所不同。因此，在发展这些能力时，

第十章 心商生存之道：探索与启示

需要根据自己的实际情况进行有针对性的提升。

上面所列出的我们能够应对各种挑战和变化的核心能力都属于心商的范畴，所以，心商是个人在全球化生存中的关键能力。

心商是一种个人内在的智慧和力量，它涉及一个人如何处理自己的情绪、思维和心理状态，以及如何应对外界挑战和压力。心商高的人往往能够更好地调节自己的情绪，更加积极乐观地看待生活，也能够更好地适应外部环境的变化。在全球化时代，由于人们面临的挑战和压力不断增加，心商的作用越来越重要。

我们来看一个案例。演讲家尼克·胡哲（Nick Vujicic）是一个天生没有四肢的人，但他却以极高的心商和坚定的信念，成了全球知名的励志演说家。

（1）自我接纳与积极心态。

尼克从小就知道自己的身体与众不同，但他并没有因此感到自卑或沮丧。相反，他选择接纳自己，并以积极的心态面对生活的挑战。他相信，尽管身体有缺陷，但他的心灵和能力是完整的。这种积极的心态让他在面对困难时能够保持坚韧不拔的精神。

（2）克服困难与自我挑战。

尼克在日常生活中面临许多常人难以想象的困难，比如穿衣服、洗漱等基本生活技能他都没有。但他并没有被这些困难打败，反而将它们视为自我挑战的机会。通过不断的练习和尝试，他逐渐掌握了这些技能，甚至学会了游泳、冲浪等运动。这些经历不仅锻炼了他的身体，更提升了他的心商。

在尼克19岁的时候,他打电话给学校,推销自己的演讲。被拒绝52次之后,他获得了一个5分钟的演讲机会和50美元的薪水,自此开始演讲生涯。

(3)传递正能量与影响他人。

尼克不仅在自己的生活中展现出高心商,还将这种能量传递给了他人。他通过全球巡回演讲,激励了成千上万的人面对困境、战胜自我。尼克大学毕业,获得会计与财务规划双学士学位,出版了《生命更大的目标》《我和世界不一样》《人生不设限》《永不止步》等畅销书籍,在全球超过25个国家举办了1500多场演讲。他的故事和经历让人们相信,只要有坚定的信念和积极的心态,就没有什么是不可能的。

尼克·胡哲的案例充分展示了心商在提升生存核心能力方面的重要性。他的自我接纳、积极心态、克服困难以及影响他人的能力都是心商的体现。正是这些优秀的心理品质让他在逆境中绽放光芒,成了一个激励人心的榜样。这个故事告诉我们,无论面对多大的困难和挑战,只要有足够的心商和坚定的信念,就能够创造出无限的可能。

在全球化的背景下,这些心商方面的能力将越来越成为生存的核心能力。它将帮助个人在复杂多变的环境中更好地应对挑战、把握机遇,以及提升自己在工作和生活中的竞争力。因此,注重心商的培训和提升将有助于个人全面发展自己的潜力,成为更优秀的个体。

但需要注意的是,提升心商涉及多个方面的培养和发展。以下是一些建议，可以帮助你在平时提升心商。

（1）建立积极心态：积极的心态是提升心商的基础。学会以乐观、正面的视角看待生活中的挑战和困难，相信自己有能力战胜它们。

（2）自我反思与成长：定期回顾自己的经历和表现，从中学习和汲取教训。当遇到困难时，分析自己的反应和应对策略，思考如何改进。

（3）面对挑战与逆境：不要回避挑战和逆境，而是勇敢地面对它们。通过解决问题和克服困难，你的心理韧性会逐渐增强。

（4）培养适应能力：适应能力是心理韧性的重要组成部分。尝试在不同的环境和情境下生活和工作，培养自己的适应能力和变通思维。

（5）保持学习与成长：持续学习新知识和技能，不仅有助于提升自我价值感，还能增强面对新挑战的信心和能力。

（6）建立支持系统：与家人、朋友和同事建立良好的关系，形成一个支持你的系统。在困难时期，他们的支持和鼓励可以帮助你保持积极心态。

（7）管理压力与情绪：学会有效地管理压力和情绪，如通过运动、冥想、呼吸练习等方法来缓解压力。保持情绪稳定有助于提高心理韧性。

（8）树立明确的目标：为自己设定明确、可实现的目标，并为之付出努力。目标的实现会让你获得成就感和满足感，进而提升心理韧性。

（9）培养自律与毅力：自律和毅力是提升心商的关键因素。通过坚持执行计划、克服困难、保持自律，你可以逐渐培养出强大的心理韧性。

（10）接受失败与挫折：失败和挫折是成长过程中的一部分。学会接受它们并从中汲取教训,而不是过分自责或气馁。

  请记住,提升心商是一个渐进的过程,需要持续的努力和实践。通过不断地挑战自己、学习和成长,你将逐渐培养出强大的心理韧性,更好地应对生活中的各种挑战和困难。

结语：高心商，你的未来你决定

人生是一场旅程，每个人都有自己的梦想和目标。可是，在这个世界上，我们常常会受到外界的影响，从而迷失了方向。然而，我们要坚信，只有自己才能决定自己的未来。但想要自己的未来自己做主，我们就一定要培养自己的高心商。

培养高心商是一个非常重要的决定，因为心商在个人的发展和成功过程中起着至关重要的作用。高心商可以帮助我们更好地理解和管理自己的情绪，提高自己的情商和社交能力，更好地与他人沟通和合作，以及更好地解决问题和应对挑战。

培养高心商可以帮助我们更好地应对压力和挫折，增强自己的抗压能力和适应能力。在竞争激烈的现代社会中，高心商也可以帮助我们更好地适应变化和挑战，提高自己的竞争力和生存能力。

此外，培养高心商还可以帮助我们更好地理解他人的情感和需求，提高自己的同理心和改善人际关系。在工作和生活中，高心商可以帮助我们更好地与他人合作，提高工作效率和团队凝聚力。

总之，培养高心商对个人的发展和成功至关重要。通过提高自己的情商和社交能力，我们可以更好地应对挑战和压力，提高自己的竞争力和生存能力，建立良好的人际关系和团队合作能力。因此，我们应该努力培养高心商，为自己的未来打下坚实的基础。

想要掌握自己的未来，就要有清晰的目标和计划。比如我们需要明确自己想要成为什么样的人，想要在哪个领域取得成功。只有明确了目标，我们才能有针对性地制订计划，并为之努力奋斗。没有目标的人往往会迷失在生活的迷雾中，无法找到前进的方向。

想拥有美好的未来，首先需要有坚定的信念和信心。在实现梦想的过程中，我们会遇到各种困难和挑战，甚至会受到他人的质疑和嘲笑。但只要坚定地相信自己的能力和价值，就能克服困难、战胜挫折。自信心是成功的基石，只有先相信自己，才能让别人相信你。

除了必备的信念和信心，还必须拥有勇气和毅力。实现梦想的道路并不平坦，我们会遇到各种挫折和失败。但只有勇敢地面对困难，坚持不懈地努力，才能赢得最终的成功。毅力是成功的关键，只有坚持不懈，才能战胜一切困难。

而这些，都由高心商决定。高心商能够帮助我们将未来掌握在自己手中。

高心商能够让人更具情感智慧。所谓情感智慧，是指个体对自己和他人情感的认知和理解能力。高心商的人能够更好地理解自己的情感状态，并能有效管理自己的情绪。他们能更好地应对压力和挫折，保持积极的心态。在面对困难时，高心商的人能够冷静思考，找到解决问题的方法。这种情感智慧使他们在工作和生活中更加从容和自信。

情感智慧有利于我们更好地处理人际关系，人际关系是个体与他人之间相互作用和交流的过程。高心商的人能够更好地理解他人的情感和需求，并与他人建立良好的关系。他们懂得倾听和尊重他人的意见，能够有效地沟通和解决矛盾。在团队合作中，高心商的人善于与他人合作，共同完成任务。这种良好的人际关系使他们在职场中更容易获得他人的支持和认可。

在现代社会，职业发展不仅依赖于个体的智力和专业知识，更需要个体具备高心商所涉及的情感、情绪等智慧。具备高心商的人能够更好适应职场的变化和挑战，能够更好地与同事和上司合作，能够更好地处理工作中的压力和冲突，以及能够更好地管理自己的情绪。这种职业素养使他们在职场中更容易获得晋升和提拔，实现事业上的成功。

所以，高心商决定着人们的未来。高心商的人能够更好地处理情感问题，提升社交能力和自我管理能力；能够更好地应对生活中的各种挑战，取得更大的成功。因此，只有不断提高心商，才能更好地塑造自己的未来。